需要与成长

[美]亚伯拉罕·马斯洛 著　王琳 译

团结出版社

图书在版编目（CIP）数据

需要与成长：存在心理学探索 /（美）亚伯拉罕·哈罗德·马斯洛著；王琳译. -- 北京：团结出版社,2021.5

ISBN 978-7-5126-8919-0

Ⅰ.①需… Ⅱ.①亚…②王… Ⅲ.①应用心理学Ⅳ.①B849

中国版本图书馆CIP数据核字(2021)第097035号

出版：团结出版社
　　（北京市东城区东皇城根南街84号 邮编：100006）
电话：（010）65228880　65244790（传真）
网址：www.tjpress.com
Email：zb65244790@vip.163.com
经销：全国新华书店
印刷：北京天宇万达印刷有限公司

开本：145×210　1/32
印张：8.25
字数：168千字
版次：2021年5月 第1版
印次：2021年5月 第1次印刷

书号：978-7-5126-8919-0
定价：49.80元

序

我绞尽脑汁才选定了本书的书名。尽管"心理健康"这一概念仍有使用的必要,但严格来说,它存在很多内在缺陷。这一点,我在本书中多处相关章节已做出阐述。萨斯(Szasz)(160a)和存在主义心理学家(110, 111)近来也指出,所谓"心理疾病"这一概念也存在同样的缺陷。尽管如此,我们现阶段还是可以继续使用这些规范术语,而且事实上,出于启发性的原因,我们当下**必须**使用这些术语;然而,我非常确信,它们在十年之内便会被淘汰。

相对以上,我所使用的"自我实现"这个术语则要好得多。它所强调的是"完满人性",即"对人类之生物本性的发展"。因此,它(从经验上看)可适用于整个人类群体,不受特定的时间和空间的限制。也就是说,"自我实现"跳出了文化的桎梏,它唯一遵循的是生物学意义上的命运,而不像"健康""疾病"等术语那样因历史随意性与文化地域性不同而难以捉摸。不仅如此,它也兼具经验性内容与操作性意义。

不过,从文学角度来看,"自我实现"或许略显拙劣,而且还存在一些出乎意料的缺陷: a) 似乎暗含了利己主义而非利他主义的倾向; b) 似乎对责任和贡献等人生任务避而不谈; c) 似乎忽视了个人与他人、社会的联系，也忽视了个人的发展需要依赖于"良好社会"；d）忽略了非人类现实的需要特征及其内在的魅力和趣味；e）忽视了无我和自我超越；f）暗中强调了主动性，而非被动性或接受性。然而，一旦你们对我在本书中所厘清的经验性事实有所了解，以上误解将不攻自破——自我实现者实际上兼具利他精神和奉献精神，也具备自我超越性和社会性等特质（97，第14章）。

"自我"一词似乎有排斥他人的意味，我们也常常将"自我"与"自私""纯粹自主"联系在一起。在如此强大的语言习惯面前，我的再定义与经验性描述常常显得苍白无力。不仅如此，部分聪明能干的心理学家（70，134，157a）竟固执地认为：我对于自我实现者的经验性描述是随意杜撰的，而非经由观察发现的。这也令我格外震惊。

在我看来，"完满人性"这一概念或许可以澄清上述误解。"人的衰弱或发育不良"是比"疾病"更合适的说法，甚至还可以用来替换"精神病""神经病"和"心理变态"等。即便这些术语不适用于心理治疗实践，至少也可以用于一般的心理学和社会学理论中。

我在本书中一直使用的"存在"（Being）和"形成"（Becoming）两个术语其实更好，尽管它们还未作为通用说法普遍使用。这非常遗憾，因为我们都知道，存在心理学与形成心理学、匮乏心理学截然不同。我坚定地认为，心理学家必须努力调和存在心理学与匮乏心理学，也就是说，必须调和完美与不完美、理想与现实、美好与现存、永恒与暂时、目的心理学与手段心理学。

本书是我1954年所出版的《动机与人格》的续篇，两本书的结构相似,都是将大的理论框架细分后,再按章节逐一探讨。关于人性的深度与高度的研究,我有志于构建一个全面、系统、具备经验基础的普通心理学和哲学体系。本书旨在为此计划铺路搭桥。在本书末章,我也阐述了未来的研究计划,其在某种程度上可被视为承上启下之章。本书创新性地将"健康和成长心理学"与精神病理学和心理分析动力学、动力学与整体论相结合,并将"存在"与"形成"、善与恶、积极与消极相结合。换句话讲,本书基于普通心理分析及实验心理学的科学实证,建立了一个优心态的、存在心理学的和超越性动机的上层结构。而这一结构正是普通心理分析与实验心理学所匮乏的,因此,本书所述研究突破了这两者的局限。

我发现,要把我对于上述两种心理学心存敬佩、但又很不耐烦的矛盾态度传达给其他人是很难的。很多人**不是**亲弗洛伊德,**就是**反弗洛伊德;不是亲科学心理学,就是反科学心理学……诸如此类,不胜枚举。在我看来,若是只知一味效忠于某派真理,则不可谓不愚蠢。我们要做的是将种种真理整合成一个完整的真理。这个**完整**的真理,才是我们唯一应该为之效忠的东西。

我很清楚,要确定我们是否**的确**掌握了真理,(广义上的)科学方法是唯一、根本的判断标准。但是如此一来,又很容易产生误解,陷入亲科学与反科学的两难境地。关于这一点,我在本书中也进行了阐述(97,第一章、第二章、第三章)。这些误解所针对的是19世纪正统的科学主义。而我要做的是扩展科学方法、开拓科学的疆域,使其能够胜任全新的、个人的、基于经验的心理学任务(104)。

而这些任务，是传统意义上的科学无力承担的。好在科学并不必拘泥于传统，也不必就此从爱、创造性、价值观、美、想象力、道德和欢乐等问题中抽身而退，将舞台完全交给"非科学家"、诗人、预言家、神父、剧作家、艺术家和外交家。当然，这些人或许有绝佳的洞察力，能够对那些必须探究的问题发问，提出有挑战性的假说，而且常常迸发出真知灼见。然而，无论他们多么自信，却永远无法说服全人类。他们所能说服的，只有本就认同他们的人和一小拨人。唯有科学才能塞住悠悠之口，唯有科学才能克服不同个体所见所想的种种迥异，唯有科学才能使人类进步。

然而，事实上，科学**已然**走入了一条死胡同，（某些形式的科学）甚至会被认为对人类，至少对人类最高尚的品质和抱负造成威胁。许多细腻敏感的人，尤其是艺术家，担心科学有玷污、压抑的不良作用，会对事物进行分裂然后扼杀，而非整合进而创造。

在我看来，以上担心实属多余。要使科学有益于人类发展，只需丰富和深化对其本质、目的与方法的构思。

希望读者不会觉得这一信条有悖于我书中一贯的文学与哲学基调。事实远非如此。首先，简述一般性理论时就应当如此，至少目前应当如此。另外，本书中多数章节起初是作为演讲稿写就的，这或许也会使读者有此错觉。

本书和上一部作品一样，由大量基于试验性研究、零散证据、个人观察、理论推断甚至纯粹直觉而得出的论断构成。这些论断的措辞较为笼统，因而既可证实，也可证伪。换句话说，这些论断仅仅是假说，提出它们是为了接受检验，而非给出最终结论。然而，这并不能否定它们的重要性和必要性——它们的真伪对于心理学其他分支或许意义不凡。这些论断非常重要。因此，它们会对科学研究有所启发，至少我期望如此。综上所述，我将本书归于科学或前科学范畴，而非劝诫教导、人生哲学或者文学范畴。

让我们梳理一下当代心理学的种种思潮，或许可以为本书找到合适的定位。目前为止，有两种人性论对心理学影响最大，综合性也较强，一是弗洛伊德学说，二是实验-实证-行为主义理论。其他理论的综合性较弱，拥护者也分裂出许多小派别。不过近些年，这些小派别迅速合并成第三种人性论，并日臻完善，被称为"第三势力"。其中包括阿德勒、兰克和荣格的追随者，也包括所有新弗洛伊德主义者（或新阿德勒主义者）和后弗洛伊德主义者[心理分析自我心理学家及马尔库塞（Marcuse）、惠利斯（Wheelis）、马默（Marmor）、萨斯、布朗（N. Brown）、林德（H. Lynd）、家夏特尔（Schachtel）等犹太法典的精神分析学家]。另外，库尔特·戈尔茨坦（Kurt Goldstein）和他的机体论心理学的影响也在持续扩大；格式塔疗法、格式塔和勒温派心理学家、普通语义学家，以及奥尔波特（G. Allport）、墨菲（G. Morphy）、莫雷诺（J. Moreno）和默里（H. A. Murray）等人格心理学家的影响也在逐渐引起关注。存在主义心理学和存在主义精神病学便是其中一股不容小觑的新生力量。更有自我心理学家、现象学心理学家、成长心理学家、罗杰斯派心理学家和人本主义心理学家等各类学者，均在领域内做出了卓越贡献。其派别之多，不胜枚举。还有一个更为简便的分类方法，即根据某一派别在五大期刊中发文数量的多寡，来判断其属于哪一大类。这五大期刊都较新，分别是《个体心理学杂志》(*Journal of Individual Psychology*, University of Vermont, Burlington, Vt.)、《美国心理分析杂志》(*American Journal of Psychoanalysis*, 220 W. 98th St., New York 25, N.Y.)、《存在主义精神病学杂志》(*Journal of Existential Psychiatry*, 679 N. Michigan Ave., Chicago 11, I11.)、《存在主义心理学和精神病学评论》(*Review of Existential Psychology and Psychiatry*, Duquesne University, Pittsburgh, Pa.)，以及最新的《人本主义心理学杂志》(*Journal of Humanistic Psychology*, 2637 Marshall Drive, Palo Alto, Calif.)；此外，《超自然》杂志(Manas, P.O. Box 32, 112, El Sereno Station, Los Angeles 32, Calif)则立志于将哲学普及到非哲学学者但不失智慧的平常人的生活与处世哲学中。本书后面的参考书目虽不是面面俱到，但也相对全面地罗列了此领域的相关著作。本书也应归入最后一种思潮。

致　谢

在此，我不再重表《动机与人格》一书前言中已致的谢意，只做出如下补充。

感谢本系同事尤金倪亚·汉夫曼（Eugenia Hanfmann）、理查德·赫尔德（Richard Held）、理查德·琼斯（Richard Jones）、詹姆斯·克利（James Klee）、里卡多·莫兰特（Ricardo Morant）、乌尔里克·奈瑟（Ulric Neisser）、哈利·兰德（Harry Rand）、沃尔特·托曼（Walter Toman）等人。我为拥有这样的同事感到幸运。他们为本书各章节的写作提供了无私的帮助和宝贵的意见。在此，我想对他们致以感激和敬意，感谢他们对我的帮助。

十年来，布兰迪斯大学历史系的弗兰克·曼纽尔博士（Dr. Frank Manuel）一直与我进行着有益的学术讨论。为此，我感到无比荣幸。他学识渊博、才智过人，拥有宝贵的质疑精神。他对我而言亦师亦友，使我获益良多。

哈利·兰德博士（Dr. Harry Rand）对我的意义同样非同凡响。他是一位执业心理分析师。十年来，我们一直致力于对弗洛伊德理论进行深层解读，我们合作取得的成果之一已经发表（103）。曼纽尔博士和兰德博士都不赞同我的最初想法。另一位精神分析学家沃尔特·托曼也是如此——我们曾为此讨论、争辩了无数次。正是由于他们的质疑,我才得以一步步完善自己的理论。

里卡多·莫兰特博士曾与我在诸多研讨会、实验及多部作品中都有合作。这使我得以进一步靠近实验心理学领域的主流思潮。在撰写本书的第三章和第六章时,詹姆斯·克利博士为我提供了诸多帮助。

在心理学系学术讨论会上,我与我的同事和研究生进行了激烈但友好的辩论,我从中获得了很多启发。在与布兰迪斯大学教职工的日常交往中,我也受益良多。他们博学、睿智、善辩,给了我许多有形和无形的帮助。

在麻省理工学院(102)举办的价值专题研讨上,我的同行们也使我受益匪浅。尤其是弗兰克·鲍迪奇(Frank Bowditch)、罗伯特·哈特曼(Robert Hartman)、戈尔杰·凯普斯(Gyorgy Kepes)、桃乐西·李(Dorothy Lee)、沃尔特·韦斯科普夫(Walter Weisskopf)、艾德里安·范卡姆(Adrian Van Kaam)、罗洛·梅(Rollo May)和詹姆斯·克利等人,他们让我了解了存在主义的各类文献。弗兰西斯·威尔逊·施瓦兹(Frances Wilson Schwartz)(179,180)向我介绍了创造性艺术教育及其对于成长心理学的诸多启示。奥尔德斯·赫胥黎(Aldous Huxley)使我开始重视宗教心理学和神秘主义。菲利克斯·多伊彻(Felix Deutsch)带我亲身体验、深入了解了心理分析。库尔特·戈尔茨坦在知识上给了我莫大的支持,因此我将此书献给他。

本书大部分写于休假学年,这要归功于我们大学明智的管理政策。我还想感谢艾拉·莱曼·卡伯特信托，它为我提供了一笔资金，使我得以心无旁骛、专心写作。要知道，在正常学年中持续进行理论研究是非常困难的。

本书的大部分打字工作由弗娜·柯莱特小姐完成。在此，我要感谢她非凡的帮助、可贵的耐心及辛勤的付出；同时，我也要感谢格温·惠特利、罗琳·考夫曼及桑迪·马泽尔等人所做的秘书工作。

本书第一章是1954年10月18日我在纽约库伯联盟学院演讲内容的部分修订稿。完整稿件于1956年刊登在由哈珀兄弟出版社出版、克拉克·摩斯塔卡斯（Clark Moustakas）主编的《自我》（Self）一刊上，经出版社同意后在此书中引用。1961年，稿件还于《学院的成就》（Success in College）上再版，该期刊由J. 科尔曼（Coleman）、F. 利布奥（Libaw）和W. 马丁森（Martinson）主编，由斯考特·福斯曼出版公司出版。

第二章由1959年我在美国心理学联合会大会存在心理学研讨会上宣读的一篇论文修订而成。此文首次发表于《存在主义探索》（*Existentialist Inquiries*, 1960, 1, 1-5），经编辑同意在本书中刊出。1961年，本文于《存在心理学》（*Existential Psychology*）及《宗教探索》（*Religious Inquiry*, 1960, No.28, 4-7）上重印，前者由兰登书屋出版、罗洛·梅主编。

第三章是我于1955年1月13日在内布拉斯加大学动机研讨会上所做演讲的浓缩版，发表于1955年在内布拉斯加大学出版社出版、M. R. 琼斯主编的《内布拉斯加动机研讨会，1955》（*Nebraska Symposium on Motivation*, 1955），经出版社同意在此引用。文章还曾再刊于《普通语义学公报》(*General Semantics Bulletin*, 1956, Nos. 18、19, 32–42) 和《人格动力和有效行为》[*Personality Dynamics and Effective Behavior* (Scott, Foresman), 1960]。

第四章最初是我在1956年5月10日于美林-帕默尔学校成长讨论会上所做的一篇演讲，发表于《美帕季刊》(*Merrill-Palmer Quarterly*, 1956, 3, 36–47)，经编辑同意在此引用。

第五章由我在塔夫斯大学所做演讲的第二部分修订而成，全文于1963年发表于《普通心理学杂志》(*Journal of General Psychology*)，经编辑同意在此引用。演讲的前半部分概述了证明类本能需要的所有可用证据。

第六章由我在1956年9月1日就任美国心理学联合会人格及社会心理学分会主席时发表的就职演说修订而成。全文发表在《遗传心理学杂志》(*Journal of Genetic Psychology*, 1959, 94, 43–66)，经编辑同意在此引用。文章曾重印于《国际超心理学杂志》(*International Journal of Parapsychology*, 1960, 2, 23–54)。

第七章是1960年10月5日我在精神分析促进协会于纽约召开的卡伦·霍妮纪念会上所做的关于同一性和异化的演讲修订稿。文章曾发表于《美国心理分析杂志》(1961, 21, 254)，经编辑同意在此引用。

第八章首次于《个体心理学杂志》以纪念库尔特·戈尔茨坦为专题的一期杂志 (1959, 15, 24–32) 上发表，经编辑同意在此引用。

第九章由首次发表于海因茨·沃纳纪念文集《心理学理论展望》(Perspectives in Psychological Theory)上的一篇论文修订而成,该文集于1960年由国际大学出版社出版、B. 卡普兰(Kaplan)和S. 韦普纳(Wapner)主编。经编辑和出版社同意在此引用。

第十章由1959年2月28日我在密歇根州立大学所做的演讲内容修订而成,出自论创造性的系列文章。该系列发表于H. H. 安德森(Anderson)主编的《创造力及其培养》(Creativity and Its Cultivation),1959年由哈珀兄弟出版社出版。该文经编辑和出版社同意,在此引用。文章还曾刊于《机电设计》(Electro-Mechanical Design)(1959,1、8)和《普通语义学公报》(1959-1960,23、24、45-50)。

第十一章基于1957年10月4日我在麻省理工学院召开的"人类价值新认知"研讨会上所做的演讲内容进行了修改和扩充,曾发表于我主编的《人的价值新知识》(New Knowledge in Human Values),1958年由哈珀兄弟出版社出版。该文经出版社同意在此引用。

第十二章基于1960年12月10日我在纽约心理分析学会价值专题研讨会上所做的演讲内容进行了修订和补充。

第十三章是1960年4月15日我在东部心理学协会所举办的研究积极心理健康意义的研讨会上所做的演讲内容,曾发表于《人本主义心理学杂志》(1961,1,1-7),经编辑同意在此引用。

第十四章则基于我在1958年为《认知、表现、形成:教育学的新焦点》(Perceiving, Behaving, Becoming: A New Focus for

Education）所写论文进行了修订和补充。该书由A. 库姆斯主编，于1962年出版。

在某种意义上，以上观点对本书及上一部作品进行了总结，也对未来趋势进行了预判。

于马萨诸塞州沃尔瑟姆镇布兰迪斯大学

目 录

第一编 更广阔的心理学领域

第一章 导言:健康心理学初探 / *3*

第二章

存在主义者可以带给心理学哪些启示? / *10*

第二编 成长与动机

第三章 匮乏性动机与成长性动机 / *21*

第四章 防御和成长 / *48*

第五章 认知需要和认知恐惧 / *67*

第三编 成长和认知

第六章 高峰体验中的存在性认知 / *79*

第七章 强烈的同一性体验:高峰体验 / *116*

第八章 存在性认知的一些危险 / *129*

第九章 抵抗被标签化 / *141*

第十章 自我实现者的创造力 / *147*

第四编 价 值

第十一章 心理学数据和人的价值 / *163*

第十二章 价值、成长和健康 / **184**

第十三章 超越环境限制的心理健康 / **198**

第五编 未来的任务

第十四章

成长和自我实现心理学的一些基本命题 / **209**

附录一

我们的出版物和专题会议对个人心理学来说是合适的吗? / **238**

附录二

参考书目 / **244**

第一编
更广阔的心理学领域

第一章 导言：健康心理学初探

此时此刻，于心理学的地平线之上，一种关于人类疾病与健康的新概念正在崭露头角。它令我为之震颤，它拥有无限奇妙的可能性，它如此富有魅力，以至于我急不可耐地要将其公布于世。尽管它还未被检验证实，尚不能被称为可靠的科学。

它的基本假设如下：

1.每个人，无一例外地，都有一种基于人体生物结构的内在本性。这种本性可以说是"自然的"、本质的、先天的，从某种意义上来说也是不可改变的，至少在一般情况下会保持不变。

2.对于每个人来说，这种内在本性既有自己的独特性，也有人类普遍的共性。

3.人类可以科学地研究这种内在本性，并能够发现（注意是**发现**，而不是**发明**）其究竟。

4.就我们目前所知，这种内在本性本质上并非一定是恶的；相反，它可能是中性的，或是极"善"的。而我们通常称之为"恶"的那些行为，其实往往是这种内在本性受挫后**产生**的间接反应。

5.既然这种内在本性并非是恶的，而是善的或是中性的，那么我们最好去激发、鼓励它,而非抑制它。如果我们能够顺应内在本性去生活,那我们将变得健康、成功、快乐。

6.如果一个人的内在本性被否定、抑制,其必将变得病态。这种病态可能显而易见,也可能不易察觉;可能当下就会出现,也可能过段时间才姗姗来迟。

7.这种内在本性不像动物本能那样强烈、无法抗拒、确凿无疑。相反,它是脆弱的、娇嫩的、敏感的,极易被习惯、文化压力和错误的对待方式所影响。

8.虽然这种内在本性很脆弱,但是难以消失。正常人如此,就连病态的人也如此。虽然它被抑制了,但它始终潜伏、跃跃欲试,渴望得以体现。

9.不知为什么,必须经历惩罚、剥离、挫折、苦痛、悲剧后,以上结论才会浮现。从某种意义上来说,鉴于这些体验可以揭示、培养并施展我们的内在本性,我们应当对它们表示欢迎。

请注意,如果以上假设证实无误,我们将有望得到一种科学伦理,一种天然的价值体系,一个可以判断善恶对错的终极仲裁之所。我们对人类的自然倾向了解越多,越知道怎样才是善,怎样才能快乐,怎样才能成功,怎样尊重自己,怎样去爱,怎样发挥自己的全部潜力。如此一来,未来可能出现的许多人格问题便迎刃而解。因此,当务之急是要弄清楚:我们每个人,作为人类这个物种中的一员,也作为一个独特的个体,我们的内里深处**究竟**是什么样子的?

研究"健康的"自我实现者,可以让我们发现自己的错误和缺点,并找到正确的发展方向。除了当下这个时代,以往每个时代都有自己的榜样和典范:圣人、英雄、绅士、骑士、神秘主义者。而我们的文化如今将这些榜样统统抛弃,所留存下来的是情绪稳定、无是无非的人,一种苍白无力又可疑的替代品。现在,我们或许可以将自我实现者视为本时代的榜样与典范。自我实现者的潜能得到了最充分的发挥,内在本性也没有被扭曲、抑制或否定,而是得以自由展现。

为了自己,每个人都要清醒、深刻地认识到这样一个严肃的问题:每当我们有悖于人类的美德,每当我们犯下违背本性的罪行,每当我们"作恶",这些**全都毫无例外地自动记录在**我们的无意识中,使我们鄙视自己。卡伦·霍妮将这种无意识的认知和记忆行为称作"登记",这个词非常贴切。如果我们做了羞耻的事,此事就会被"登记"在耻辱栏上;同样,如果我们做了正直、高尚或善良的事,此事就会被"登记"在荣誉栏上。最终,我们不是尊重、接受自我,就是蔑视自我,认为自己卑鄙无耻、令人生厌。二者必居其一。这种明知是错却依然为之的罪行,神学家曾用"**丧失灵魂(accidie)**"一词来指代。

这并不与弗洛伊德的观点相矛盾,而是在其基础上有所增补。简单来说,弗洛伊德所论述的是心理学病态的那一半,而我们现在要补充上它健康的一半,使其完整。这种健康的心理学有望使我们掌控和改善我们的生活、成为更好的人。也许,这比解决

"怎样才能**不得病**"这个问题更有成效。

我们该如何促进自由发展？什么样的教育环境、性别环境、经济环境和政治环境才是最有利的？我们该为自我实现者构建一个怎样的世界？自我实现者又会构建一个什么样的世界？病态的文化产生病态的人；健康的文化塑造健康的人。反过来也是一样：病态的个体会使所处文化愈发病态；健康的个体则会使所处文化更加健康。因此，造就健康的个体，有助于构建健康的世界。换言之，鼓励个人发展更具可能性。相较而言，当外界条件不利时，治愈已有神经疾病的可能性则很小。有意识地培养自我的正直品质，相对容易；但治愈自己的强迫症，却难得多。

按照传统，人格问题往往被看作有害无益的麻烦事。挣扎、矛盾、愧疚、自责、焦虑、沮丧、受挫、紧张、羞耻、自罚、自卑、自贬，无一不会导致精神痛苦，妨碍行为效能，而且往往难以控制。

然而，以上症状在健康的人或是正在向健康方向发展的人身上也难免会出现。假设你在**本应**感到愧疚的时候却无动于衷，试问这是否真的是好事？能够稳定自己的情绪、自我调节能力也很强，真的就能万事大吉了吗？自我**调节**和自我稳定的确可以帮助我们规避痛苦，但或许从另一个角度看，它们也扼杀了我们破茧成蝶的可能。

埃里希·弗洛姆（Erich Fromm）曾在一本颇有分量的书（50）中抨击传统弗洛伊德的"超我"概念，称其完全是专制主义和相对主义观点。弗洛伊德认为，无论父母为何许人，我们的超我或良心都是对父母的希望、需求和理想的内化。可是，如果父母是罪犯，那孩子的良心会如何呢？如果你有一个严厉爱说教、反对享乐的父亲呢？如果他患有精神病呢？或许即便这样，他们的孩子也会有相应的良心——弗洛伊德是对的。我们的大部分观念的确来自这些在我们人生早期就出现的人，而非后来从主日学校的书本上习得的。然而，良心还有另外一种成分，或者说，还存在另外一种良心。这种良心也许强弱有别，但人人都有，那就是"内在良心"。我们对自身天性、命运、能力及内心深处的需求，会有一种无意识和潜意识的认知，而这种认知就是内在良心的基础。内在良心要求我们忠于自身的内在本性，不因软弱、利益或任何理由而动摇。有人怀才不遇，有人生为画者却卖袜为生，有人天资聪颖却守拙自保，有人明晓真相却缄口不语，有人果敢刚毅却甘为懦夫。所有这些人都深知自己犯了错，并因此鄙视自己。这种自罚心理可能导致神经症，但若是因此知错就改，也同样可能让人重燃勇气、义愤填膺、更加自尊自爱。总而言之，痛苦和矛盾可以带来成长和提高。

实质上，我所有意抵制的，正是我们当前（至少在涉及表面症状时）对于疾病和健康的简单划分。患病就一定要有症状吗？我认为，该表现出症状却**没有**表现出来，也是一种疾病。健康就一定没有症状吗？我认为不是。在奥斯维辛集中营和达豪集中营里的纳粹分子没有一个是健康、正常的。一个良心病态的人和一个良心美好、纯净、快乐的人，究竟谁更健康？一个富有人性的人，真的能完全避开矛盾、痛苦、沮丧和愤怒等情绪吗?

简言之，如果一个陌生人告诉我他有人格问题，我可能会祝贺他，也可能为他感到难过。这取决于他这么说的原因。这些原因可能是好的，也可能是坏的。

举例来说，关于受欢迎程度、适应能力甚至青少年犯罪等问题，心理学家的态度正在转变。在哪些人中受欢迎? 如果年轻人在势利的邻居和当地乡村俱乐部中**人缘不好**，未必是坏事。适应什么? 恶劣的风气，还是专制的父母? 难道我们要做一个适应鞭笞的奴隶? 还是一个适应监禁的囚徒? 就连有行为问题的男孩儿，如今也更被包容了。他**为什么**会犯错? 当然，通常是因为一些病态的原因。但是有时也可能出于正当的理由，譬如孩子只想反抗剥削、控制、漠视、轻蔑和踩躏。

显然，人格问题究竟意味着什么，取决于说这话的人是谁。是奴隶主? 是独裁者? 是专制的父亲? 还是企图让妻子乖顺的丈夫? 显而易见，人格问题也可能意味着个体的心理支撑坍塌、内在本性受制，正在呼号和抗议。此时，如果不去反抗，才是真正的病态。遗憾的是，在我的印象中，当大多数人被如此对待时，并不会反抗。他们默默忍受，直到多年之后才表现出症状，患上各种各样的精神病和神经病，有时甚至永远都不会意识到自己已然患病，以致错失了真正的快乐，错过了真正实现愿望的机会，无法体验情感丰富的人生，也不能拥有平静、充实的晚年。拥有创造力和审美反应的生活有多精彩，他们永远都不会知道。

我们也必须正视应有的悲伤和痛苦,或者说,正视其存在的必要性。如若完全没有痛苦、悲伤、懊悔和纠结,成长和自我实现还可能发生吗?如果在某种程度上,这些消极情绪是必要的、不可避免的,那么这个程度该如何把握呢?如果一时的悲伤和痛苦对于个人成长而言是必不可少的,那我们必须改变对消极情绪的态度,不能一味地让人们自动远离它们,好像它们一定是有害的。在某些情况下,鉴于最后的结果是好的,它们也可以被视为有益的、合乎需要的。不让人们经受痛苦和悲伤,是一种过度保护,反而意味着对个体的完整性、内在本性和未来发展的可能性缺乏尊重。

第二章 存在主义者可以带给心理学哪些启示？

如果从"对心理学家而言有何意义"的角度研究存在主义，我们会发现许多从科学角度来看模糊不清、难以理解（即难以证实或无法证实）的东西。但我们也会发现很多有价值的东西。如此看来，存在主义并非是一个全新的启示性角度，这与"第三势力心理学"中对现存倾向的强调、确认、淬炼和回炉再探有所不同。

在我看来，存在心理学大体包含以下两个要点。首先，其从根本上强调了同一性概念和同一性体验是人类天性及所有以其为研究对象的哲学或科学的**必要条件**。我之所以认定同一性为**核心**，一部分原因在于我对其的理解和掌握要甚于本质、存在和本体论等术语，另一部分原因则在于这一概念可借助实验和经验加以研究，即使现在不行，将来也可以。

但由此就出现了一个悖论：美国心理学界**也**已经在同一性研究领域有所建树（奥尔波特、罗杰斯、戈尔茨坦、弗洛姆、惠利斯、艾瑞克森、默里、墨菲、霍妮、梅等心理学家）。这些学者所做的研究清晰明了，也更接近原始真相。也就是说，这些研究比海德格尔、亚斯贝斯等德国学者更具经验依据。

第二，存在主义心理学着重强调从经验知识出发，而不注重概念体系、抽象范畴或先验的东西。存在主义依赖于现象学而存在，也就是说，它以个人、主观的体验为基础来获取抽象知识。

然而，许多心理学者也曾以此为研究重点，更不用说林林总总各类学派的心理分析学家了。

1.结论一就是，欧洲哲学家和美国心理学家之间的区别并没有起初所呈现的那么大。我们美国人长期以来都在"说些单调乏味的东西而不自知"。当然，存在主义在不同国家的趋同发展本身也在一定程度上表明，之所以我们相互独立却不谋而合，是因为我们都在对主观自我之外的某个确实存在的东西进行描述。

2.我认为，这个确实存在的东西就是除了个体之外的全部价值观来源的彻底瓦解。许多欧洲存在主义者都在探讨尼采"上帝已死"的论断，或许也在探讨马克思已死的事实。美国人也认识到政治民主和经济繁荣并不能自发解决任何价值问题。如今，我们除了转向内心、求助于自我，指望其为价值观所栖息之处外，已经别无他法。矛盾的是，就连一些信奉宗教的存在主义者也在一定程度上认同这个结论。

3.存在主义者可以为心理学提供当前所缺失的哲学基础。逻辑实证主义已经失败，对临床心理学家和人格心理学家而言尤为如此。无论如何，我们一定会再次讨论哲学的基本问题，或许心理学家将不再倚赖于伪答案，也不再依仗于他们儿时偶然发现的、无意识的、未经证实的理念。

4.（对我们美国人来说），欧洲存在主义的核心思想可以这样表达：存在主义从根本上来说所解决的是，人类的渴望与人类的局限性（人**是**什么，人**想**成为什么，以及人**能够**成为什么）不相匹配所导致的人的困境。第一眼看上去，这似乎与同一性的问题没什么关系，但事实并非如此。人**既是**现实的，**也是**具有潜能的。

我毫不怀疑，如若严肃对待这种不相匹配，心理学领域必将爆发一场革命。有许多文献可以支持我的这个结论，例如，投射测验、自我实现、各种高峰体验（在体验过程中，我们得以克服这种不相匹配）、荣格心理学及神学思想家的各种论述，等等。

不仅如此，这些文献还提出了人的双重天性（即人的低级本性和高级本性，人的生物性和神性）及整合这种双重天性的方法。整休而言，无论在东方还是在西方，大部分哲学和宗教都将人的双重天性一分为二、对立而论。它们往往告诫人们，要想变得更具"高级本性"，就要摒弃并抑制"低级本性"。然而存在主义者则主张，这两者**都是**人类天性的根本特性。哪一个都不能放弃，只能将二者整合起来。

我们已然掌握了不少整合的方法——例如顿悟，在更广泛意义上的才智、爱、创造、幽默和悲剧、娱乐、艺术等。今后，我们应当更加致力于研究这些整合方法。

在思考如上文献所探讨的人的双重本性时，我还意识到，有一些问题将永远存在，无法解决。

5.论述到这里,我们自然要探讨理想的、真正的、完美的、神一般的人类,自然要将人类之潜能作为**当下**可认知的事实来研究(从某种意义上来说,此类研究当下已然存在)。这听起来可能像是纸上谈兵,其实不然。在此提醒各位,这本质上只是将一个尚无答案的老问题换了个新问法,即:"治疗、教育和培养孩子的目的何在?"

此处还有另一个亟待解决的问题。迄今为止,几乎所有对于"真正的人"的正式说法都蕴含着这样一个意思:一个真正的人与他所处的团体及广义上的社会将建立一种新的关系。他不仅在各个方面超越了自己,还超越了他所处的文化。他拒绝适应文化,更加超脱于他所在的文化和社会。他更大程度上是人类这个物种的一分子,而非他所在的局部群体中的一员。可能大部分社会学家和人类学家都不这么认为。因此,我猜想这个论断定会引发争议。

6.欧洲学者对他们所谓的"哲学人类学"非常重视,这一点我们有目共睹。"哲学人类学"所研究的,大体是如何定义人类,人类与其他物种、事物以及机器人之间有何差异。究竟是什么决定了人类的独特性?是什么为人类所必需、失去则不可再被称为人类?

美国心理学界大体上已经放弃了这个课题。各式各样的行为主义并没有给出一个这样的定义。至少,没能给出一个值得认真探讨的定义(S-R的人**将**会是什么样子?谁会成为这样的人?)。

弗洛伊德对于人的描述显然是不当的，他忽略了人的抱负、可实现的期待及神圣的品质。弗洛伊德的确贡献了最全面的精神病理学和心理治疗体系，但这与当代自我心理学家所做的研究并不相干。

7.欧洲学者强调个体的自我构成，这与美国学界有所不同。美国的弗洛伊德派和自我实现与个人成长理论派都更注重**发现**自我（这种措辞，就好像"自我"这个东西乖乖待在那里等着被发现似的）和**暴露**疗法（铲除顶层后才能发现隐藏已久的东西）。然而，就已知而言，将自我完全看作因个体所做的一系列选择而形成的系统性工程，其实是一种过分的夸大。体质和基因也可以对性格产生决定性影响，这一点就足以驳斥这种夸大。此处的意见分歧是可以通过实验经验解决的。

8.心理学界一直在回避责任问题，也一直在回避由此引申出来的人性中的勇气和意志问题。心理分析学派近来提出的"自我力量"概念或许与此相关。

9.美国心理学家已经听到过奥尔波特有关特质心理学的号召，但对此没有什么作为。就连临床心理学家也是如此。如今，现象学家和存在主义者给了我们**难以抵挡**的推力。我认为，这种推力从理论上来说根本是**不可**抵挡的。如果个体独特性的研究无法在已知的科学领域找到其位置，那么对科学本身来说其实更糟糕。如此一来，我们将不得不重构科学。

10.在美国心理学思潮中，现象学已经颇有历史（87）。但总体而言，我认为它已经停滞不前。欧洲现象学家呕心沥血、缜密论证，为的是再次让我们明白，理解他人的最好方式，或者说至少在某些情况下所必需的一种方式，就是进入**他的**世界观、透过**他的**眼睛去看**他的**世界。当然，从任一实证主义哲学的角度来看，这两个结论都很草率。

11.存在主义者强调个人的终极孤独感，这对我们来说也是一个有益的提示。它有助于我们进一步理解决心、责任感、选择、自我创造、自主性和同一性等概念；不仅如此，因为它的存在，孤独感与同律性通过直觉、移情、爱人、利他和认同他人等渠道进行的交流得以变得更为扑朔迷离且迷人。我们往往认为这些理所当然。如果将其看作有待解释的奇迹，那就更好了。

12.存在主义的另一关注点概括起来很简单：它将严肃、深刻的生活（或者说"生活的悲剧性"）与生活肤浅的一面相对立；认为后者是一种削减的生活，是对人生终极问题的逃避；这一点不只是说说而已，还有实际的操作意义，可以应用到心理治疗上。我（还有其他学者）都逐渐发现，悲剧有时可以起到治疗的作用，人受痛苦**驱使**而求助于悲剧治疗时，尤其见效。当肤浅的生活难以为继时，人们便会对其产生质疑，继而就会生发出对于人生基本问题的追问。而存在主义也清楚地表明，肤浅在心理学中也是行不通的。

13.与其他许多流派一样，存在主义也让我们认识到了言语推理、分析推理和概念推理的局限性。他们号召回归原始经验，强调原始经验优先于任何抽象概念。我认为,这其实是在客观地批判整个20世纪西方的思维方式,其中包括亟待重新检验的传统实证科学和哲学。

14.现象学和存在主义将要引发种种变革,其中最重要的是一场迟来的科学理论革命。也许用"促进推动"一词比用"引发"更合适,因为还有其他多股力量也在为瓦解官方的科学或"科学主义"哲学贡献力量。需要解决的不仅仅是笛卡尔关于主体和客体的二元论,因为精神和原始经验的卷入,还需要推进其他种种根本性变革。这些变革不仅会影响心理学科学,还会影响其他所有科学。举例来说,节俭、简明、精确、有序、逻辑、优雅和清晰等特性都属于抽象范畴。

15.最后,我要说一下存在主义已有文献中对我影响最深的一点,即心理学中的未来。不同于之前所提及的所有问题,这个命题对我而言并不完全陌生。我想,这对于任何真正的人格理论学者而言都不陌生。而夏洛特·布勒(Charlotte Buhler)(22,23,24)、高尔顿·奥尔波特(1,2,3,4)、库尔特·戈尔茨坦(55,56,57)等人的论述也屡次提醒我们,必须解决现存人格中的未来的能动性问题,并将其系统化。例如,成长、形成和可能性是必然指向未来的;潜能、希望、愿景和想象等概念也是如此;退回到具体,就失去了未来;威胁和忐忑也指向未来(没有未来也就等于没有神经官能症);没有当前活跃的未来,自我实现也将失去意义;人生最终只是一个完形,等等。

这个问题对于存在主义而言极其重要，是**基本**的、**核心**的问题，它的重要性对我们也有启发意义，这一点从罗洛·梅主编的文集（110）收录的埃尔温·斯特劳斯（Erwin Strauss）的文章中也可以看出来。我认为，如下说法是很合理的：如果一种心理学理论无法集中体现"未来存在于个体之中，且在当下也充满活力"这一观点，那么就不足以被称为完整的理论。从这个角度而言，库尔特·勒温（Kurt Lewin）认为未来可被看作是非历史的。不仅如此，我们还需认识到，从**理论上来讲**，**唯有**未来是未知的、不可知的。这意味着所有习惯、防御和处理机制都是模糊不定的，因为它们完全建立在过去的经验之上。**只有**具备灵活的创造力、勇于直面新事物、满怀信心的人才能真正把握未来。我确信，现在所谓的大部分心理学，不过是在研究一些小诀窍——通过假装未来与过去一样，以回避对全新未知事物的焦虑。

结　论

以上种种使我更加确信：心理学的疆域正在扩大，且这种扩大不是一种新的"主义"，不会变成反心理学或反科学。

存在主义不仅能丰富心理学，还能推动建立一个新的心理学**分支**，即对充分发展的、真实的自我及其存在方式的研究。苏蒂奇建议称其为本体心理学。

我们逐渐发现，我们所称的"正常"在心理学上其实是一般水平的心理病理状态。它平淡无奇,几乎人人都有,以至于我们通常都不会注意。存在主义探究真正的人和真正的人生,这有助于我们戳穿这个普遍的假象,有助于我们将这种被错觉和恐惧所支配的生活放在阳光下加以审视,揭露其病态的本来面目,尽管这种病态人人都有。

我认为,欧洲存在主义对于恐惧、痛苦和绝望的反复讨论并不重要,他们对待消极情绪的唯一办法就是假装冷静。这种来自高智商者的宏大哀诉不足为奇,每当一种源自外部的价值观崩塌时都可以看到。其实,他们进行心理治疗后就会明白,错觉破灭、发现同一性,尽管起初是痛苦的,但最终却令人兴奋、使人变得顽强。

第二编
成长与动机

第三章　匮乏性动机与成长性动机

要想定义"基本需要"这个概念,只需看看它所解决的问题和我们是如何揭示它的(97)。我最初的问题是关于精神病理根源的。我的答案(我认为是对心理分析那个回答的修改和完善)简单来说就是,神经官能症就其核心和起源而言是一种匮乏性疾病;它起源于某些满足感被剥夺,我将这种满足感称为"需要"。就像我们需要水、氨基酸和钙一样,一旦匮乏就会生病。除了其他复杂因素,大部分神经官能症都与愿望未得到满足有关,其中包括对安全、归属、认同、亲密关系、尊重和声誉等的期待。我的"数据"是从十二年来的心理治疗工作和研究及二十年来的人格研究中收集而来。我曾就替代疗法的疗效做过一组对照实验,结果非常明显,虽然存在很多复杂情况,但仍可以证明,匮乏问题得到解决后,疾病趋于消失。另外一组长期对照实验研究的是神经症人群和健康人群的家庭背景,其他学者也做过类似的实验。实验结果均表明,在后期得以恢复健康的人群中,他们的基本需要和满足感没有被剥夺,也就是说,这是可以预防疾病发生的(97,第五章)。

事实上，现在大多数临床医师、治疗专家和儿童心理学家都得出过类似的结论（尽管措辞可能不完全相同）。因此，通过归纳事实的实验数据［要在知识得以累积之后（141）才得出结论，而不是在知识得以累积之前，仅仅为了显得更客观，就过早地、武断地得出结论］，来自然、简单、自发地定义"需要"变得更具可能性了。

长期匮乏的特征如下。如果符合下列情况，则可视为基本需要或类本能需要：

1.缺乏它会引发疾病；

2.拥有它会预防疾病；

3.恢复它可治愈疾病；

4.在某种特定的（非常复杂的）自由选择情境中，相对于其他满足，被剥夺的人更愿意选择去满足它；

5.它在健康人身上或处于不活跃状态，或处于低落状态，或者在功能上不显现。

基本需要的另外两个特征是主观的，也就是说，是有意识或无意识的渴望或欲望，以及缺失感和匮乏感；一方面感到什么东西丢失了，同时又感到了满足。（"尝起来不错。"）

关于定义，再说最后一点。在该领域的学者试图定义和界定动机时，遇到了很多问题。之所以出现这些问题，是因为他们过度追求外部可见的行为标准。关于动机，最初的标准和现在除了行为心理学之外通用的标准，都是主观的。当一个人感受到欲望、希望、渴望、愿望匮乏时，就会产生动机。目前为止，还没有发现哪种客观可见的状态与这些主观陈述有关联，也就是说，尚未发现可以准确定义动机的行为。

当然，现在我们应当继续寻找可以显示主观状态的客观相关物或指示物。一旦发现可以公开快乐、焦虑和欲望的外部指示物，心理学将开辟一个崭新的纪元。但是在我们有所发现**之前**，我们不能假装已经有所发现，也不能轻视我们现有的主观资料。我们不能让小白鼠做出主观陈述，这很遗憾；但幸运的是，我们**能够**让人类做出主观陈述。而在发现更可靠的数据来源之前，我们没有理由不这么做。

从本质上来说，这些需要是有机体的亏空，也可以说是空洞，为了健康必须将其填满。而且，这种亏空必须由**除了有机体以外**的**其他人**从外部填充，不能由有机体自主填充。为了便于说明，也为了将其与另一种截然不同的动机相区分，我暂且称这种需要为缺失性需要或匮乏性需要。

没有人会质疑人类"需要"碘或维生素C。我想说的是，我们对"爱"的需要，跟我们对碘和维生素C的需要完全一样。

近年来，越来越多的心理学家发现，他们不得不假定有某种成长或者自我完善的倾向，从而对平衡、稳态、减少紧张、防御和其他保护性动机的概念进行增补。原因很多，列出如下：

1.**心理治疗**。这种健康的倾向会迫使人们为了接近它而进行治疗，这是一个绝对必要条件。如果没有这个假定的倾向，将无法解释那些超出防御痛苦和焦虑范围的治疗(6, 142, 50, 67)。

2.**脑损伤的士兵**。戈尔茨坦在他的著作(55)中提到,为了解释脑损伤后个人能力的重组,必须提出"自我实现"这个概念。

3.**心理分析**。以弗洛姆(50)和霍妮(67)为代表的一些精神分析学者发现,只有假定精神官能症是对成长、发展完善和实现个人潜能等冲动的扭曲,才可能理解它。

4.**创造性**。研究正在健康成长和已经实现健康成长的人,尤其是将他们与病态的人进行对比,可以更好地阐释大部分创造性有关的命题。尤其是艺术和艺术教育理论,需要使用成长和自发性概念来阐释自身。

5.**儿童心理学**。通过对儿童的观察,我们逐渐发现,健康的儿童享受成长和进步,喜欢获取新技巧、新能力和新力量。这与弗洛伊德的理论完全矛盾。弗洛伊德认为,儿童对于每一次适应、每一种静止或平衡状态都抓得死死的,不肯轻易放手。根据他的理论,必须不断督促那些保守、不愿做出改变的孩子,将他们从舒适的**平衡**状态中拉出来,催促他们进步,使他们进入充满变数的新环境。

尽管弗洛伊德的理论在临床上得到了证实,基本符合没有安全感、受惊的孩子,而且从全人类的层面来看,也符合部分人群,但并不适用于健康、快乐、有安全感的孩子。在健康的儿童身上,我们能清楚地发现其对于成长和成熟的渴望,他们想要丢掉之前所适应的状态,就像丢掉旧鞋一样迫不及待。在他身上,我们不仅可以清楚地看到对于学习新技能的渴望，还能看到一次又一次拥有这种渴望时所获得的巨大乐趣。这种渴望就是卡尔·布勒所说的"功能渴望"（Funktionslust, 24）。

对于以弗洛姆（50）、霍妮（67）、荣格（73）、C. 布勒（22）、安吉亚尔（Angyal, 6）、罗杰斯（143）、高尔顿·奥尔波特（2）、家夏特尔（147）、林德（92）等人为代表的各派学者及近来某些天主教心理学家（9, 128）而言，成长、个性化、自主性、自我实现、自我发展、效率、自我完成等术语意义大致相同，全都指向一个模糊的领域，而不是具有严格定义的概念。在我看来，目前还**不可能**将其严格地定义，而且这种做法也不可取；因为一个定义如果不能从已知的事实中轻松、自然地浮现，那就意味着它可能不仅没有益处，反而还会阻碍、歪曲事实。因为在先验的基础上根据意愿下定义，极易出错。而关于成长，我们的了解还不足以让我们对其进行定义。

成长的意义不能被界定，但我们可部分借助正面指代来将其**表示**，部分根据反面对照来说明。也就是说，我们可以说"它**不是什么**"，举个例子，我们可以说成长不同于平衡、稳定和减少紧张等概念。

成长这一概念的支持者认为，之所以有必要提出这个概念，一部分是因为他们不满意现存的理论，认为它们无法囊括新观察到的现象；一部分是因为旧的价值体系崩塌后，新的人本主义价值体系正在形成，而提出新的理论和概念有助于阐释新的体系。

然而，目前我们所做的仅仅是对于心理健康的个体的直接研究。之所以这样做，一方面是因为个人的内在兴趣，一方面是为了夯实治疗理论、病理学理论和价值理论的基础。对我而言，似乎只有这种直接接触才能让我发现教育、家庭培养、心理治疗和自我发展的真正目标。在最近的一本书中(97)，我总结了这项研究的结果，讨论了对好人而非坏人、健康的人而非病态的人、消极和积极的研究会对一般心理学产生什么影响，也提出了一些不成熟的理论。（在此我需要声明，在以上研究被他人重复检验之前，所得到的数据并不可靠。研究中会有投射的可能，研究者本人可能不会察觉。）我观察到，健康人和其他人的动机生活是有所不同的。下面我想就这种差异进行讨论，也就是说，我要把被成长需要所激励的人和被基本需要所激励的人进行对比。

就动机状态而言，健康人充分满足了安全感、归属感、尊重和自我尊重等基本需要，所以主要激励他们的是自我实现的趋向[自我实现的定义是：不断实现潜能、能力和天赋，完成使命（或召唤、命运、命数或天职），更好地认识和接受自己的内在本性，内心趋向协同和统一]。

我之前所讲过一个描述性、操作性的定义(97)，比上述定义更加具体、贴切。我通过临床观察到的特点来定义健康人。特征如下：

1.对现实有良好的感知力；
2.对自我、他人和自然的接受度更高；

3.自发性更强；

4.以问题为中心意识更强；

5.更为独立、更渴望隐私；

6.自主性更强，抗拒文化适应；

7.更能欣赏新事物，情绪反应丰富；

8.高峰体验发生频率更高；

9.对人类认同感更深；

10.人际关系发生变化（临床医生会说人际关系改善）；

11.性格更民主；

12.更具创造性；

13.价值观发生某些变化。

另外，抽样和数据有效性方面有一定局限性，以上定义可能不够全面，在本书中，我也对此进行了说明。

迄今，"健康人"这一概念稍显静态的特性是我们界定它时所面临的主要问题。我对自我实现的研究主要针对年纪稍大者。因此，自我实现很容易被认为是一种终极状态，或是一个遥远的目标，而非贯穿一生的动态过程。它往往被误认为是存在（Being），而非形成（Becoming）。

将成长定义为"促成最终自我实现的各种过程"可能更符合事实。也就是说，自我实现**贯穿**人生的**始终**。这同时也否定了以下设想：自我实现的促进机制是台阶式的、非有即无的、骤然的，只有当基本需要逐一地被完全满足后，下一个促进机制才会产生。

因此，成长不仅仅意味着逐渐满足基本需要直至其"消失"，也意味着被一些更高层次的某些特殊成长动机驱使，例如天赋、能力、创造倾向、本质潜能，等等。据此，我们发现，基本需要与自我实现之间的关系和童年与成年之间的关系一样，并不互相矛盾。前者会逐渐过渡至后者，且是后者的必要条件。

我们在这里所探讨的是成长需要和基本需要的区别，也是对自我实现者和其他人动机生活本质区别的临床观察结果。"匮乏性需要"和"成长性需要"这两个名称虽不是尽善尽美，但足以表述出下述差异，比如，不是所有的生理需要都是像性、排泄、睡觉和休息这样的匮乏性需要。

就更高的层次而言，对安全感、归属感、爱和尊重的需求毫无疑问都是匮乏性需要。然而，对自尊的需求该归为哪一类，则比较模糊。而像好奇心的满足、对解释的渴望等认知需求，以及假设性的对美的需求，也都是匮乏性需要。但对创造的需求，以及对表达的欲望，则是另一码事。显然，不是所有的基本需要都是匮乏性需要，只有当未得到满足时会致病的需求才可被称为匮乏性需要。［很明显，墨菲（122）所强调的感官满足不能被视为匮乏性需要，甚至不能被称为需要。］

无论如何，一个人屈从于匮乏性需要的时候，跟他受成长动机支配、"超越激励"、成长激励或实现自我时相比，其心理状态是不同的。具体差别如下：

1.对于冲动的态度：抵制冲动和认可冲动

实际上，无论过去还是当下，所有的动机理论都将需要、动力和激励看作是讨厌的、恼人的、令人不快的、不被欢迎的、需要摆脱的。而动机性行为、目标追逐和完成反应都是减轻这种不快的方法。在如今广泛使用的动机理论中，常常有克制需要、减少紧张、降低动力、缓解焦虑等说法，也体现了这种态度。

就动物心理学及基于大量动物研究的行为主义而言，上述态度是可以理解的。或许动物**只有**匮乏性需要；但不管事实是否如此，为了客观性，我们已经照此行事了。目标对象必须处于动物有机体之外，我们才能衡量动物为实现目标而付出的努力。

弗洛伊德心理学对待动机的态度也是如此，它认为冲动是危险的，必须与之斗争，这也是可以理解的。毕竟整个弗洛伊德心理学体系都是以病态人的体验作为研究基础，这些人在需要满足和需要受挫时的体验都是不愉快的。冲动给他们带来了困扰，他们也没有应对能力，因此他们才如此害怕甚至憎恶冲动，每当冲动来临，他们便习惯性地将其抑制下来。

当然，我们纵观哲学、神学和心理学的发展历程就会发现，贬损欲望和需要是一个永恒的主题。禁欲主义者、多数享乐主义者、几乎所有神学家、许多政治哲学家和大多数经济理论家一致认为，欢乐、幸福和愉悦本质上是渴望、欲望和需要这种不愉快状态得到满足的结果。

简单地说，这些人都认为欲望或者冲动很讨厌，甚至是一种威胁，因此通常都会竭力摆脱它、否认它或者回避它。

这个观点有时也能准确地反映实际情况。事实上,生理需要、安全需要、爱的需要、尊重需要和信息需要对很多人来说也的确是麻烦事,这些人包括精神上惹是生非之人、自找麻烦之人,尤其是那些在满足需要时有过失败体验的人,以及暂时没指望满足需要的人。

然而,即便如此,我们对于冲动的态度也太过消极,乃至矫枉过正了:事实上,如果(a)个体对于冲动和需要的过往经验是正面的、有所回报的;(b)现在和将来的需要有望得以实现,那么,个体将会认可、享受自己的需要,并且欢迎它们出现在自己的意识中。举例来说,如果某人过去常常在饮食中获得幸福感,而且在当下,美味食物也唾手可得,那么此时他的意识是欢迎而非惧怕食欲的。("食物的问题在于它让我没有了食欲。")口渴、困意、性欲、依赖和爱等需要,也是如此。无论如何,新近出现的成长(自我实现)动机这一新观点,都是驳斥"需要令人讨厌"论调强有力的论据。

由于每个个体的天赋、能力、潜力各不相同,因此,可以归入"自我实现"之下的大量特质动机数量众多,不胜枚举。但是有些特征是为人类所共有的。其中之一就是,这些冲动是被渴望的、受欢迎的、令人愉快的,人们想要更多,而非更少,即便这些冲动引起了焦虑,那也是**令人愉快**的焦虑。创造者往往欢迎自己的创造性冲动,有天赋的人喜欢使用、发展自己的天赋。

在上述情况中,用缓解、减轻焦虑等措辞便显得十分不当了。只有恼人的东西才需要缓解和减轻,但以上状态并不恼人。

2.满足的不同效应

以下观念几乎总是与否定需要的态度联系在一起:有机体的主要目的是摆脱恼人的需要,从而中止焦虑,达到平衡、稳态、平静、静止、没有痛苦的状态。

动力或者需要在努力地进行自我消除,它唯一力争的便是走向中止,摆脱自身,进入不再需要的状态。将其推到逻辑极端,便陷入了弗洛伊德的死亡本能。

安吉亚尔、戈尔茨坦、高尔顿·奥尔波特、夏洛特·布勒、家夏特尔及其他学者都极力批判这种本质上为循环论的观点。如果动机生活在本质上是由防御性地摆脱恼人的焦虑构成,而且减少焦虑的唯一最终结果就是消极地等待更多恼人的事情出现,然后再将其摆脱,那么变化、发展、运动和方向要如何产生?人们为什么还要自我完善?为什么要变得更聪明?生活的趣味又在哪里?

夏洛特·布勒(22)曾指出,稳态论与静止论不同。静止论所谈及的仅仅是去除紧张,也就是说零紧张的状态是最理想的。稳态论则不同,它认为紧张可以不为零,只要使之达到最佳水平即可。也就是说,有时需要减少紧张,有时需要增加紧张,就像血压一样,有时会过低,有时会过高。

显然,上述两种理论都缺少可以贯穿人生始终的恒定方向。两者都没有,也无法解释人格的成长、智慧的增长、自我实现、性格的强化和人生的规划等问题。为了赋予贯穿人生的发展以意义，必须借助长期的路线或者方向等(72)。

上述理论甚至对于匮乏性动机的描述也不够充分。它没有意识到需要一个将所有独立的动机事件串联起来的动态原则。不同的基本需要按照等级顺序相互联系，因此，当一个需要得到满足并不再处于支配地位后，不会出现静止状态或者禁欲主义的淡漠，而是会出现另外一个"更高层次的"需要，需要和欲望继续存在，只不过是以一种更高层次的形式。因此，即便是对于匮乏性动机来说，所谓"走向静止"的理论也是不充分的。

当我们研究主要受成长性动机驱使的人群时，"走向静止"的观点便完全失去了价值。对于这类人来说，满足会增强动机而非减弱动机，会增加兴奋而非减少兴奋。他们发展自我，需要越来越多而非越来越少，比如说，他们会渴望更多的教育。这类人没有走向静止，反而愈发活跃。满足没有减弱他们的成长渴望，反而刺激了这种渴望，使之更加强烈。成长**本身**是一个回报丰厚、令人激动的过程，例如，实现愿望与抱负，成为一名优秀的医生；学习有用的技能，演奏小提琴或者做个好木匠；逐渐增长你对人类、宇宙和自身的理解；无论身处哪个领域，都能让你发挥自己的创造性；最重要的是，让你成为一个完整的人。

很久以前，韦特海默(172)曾指出这个差异的另一方面。他似乎有些自相矛盾地声称，他真正用于追求目标的时间不超过他全部时间的百分之十。我们所进行的活动有的本身就令人愉快，有的因其可以辅助我们满足需要而具备价值。如果是后者，当此活动没有起到辅助作用,它便失去了价值,不再令人愉快。更常见的情况是,我们所进行的活动**完全不令人愉快**,唯有目标令人愉快。这与这样一种人生态度相似:因为人生的尽头是升入天堂,所以对人生本身不太重视。这一结论是根据观察得来的:自我实现者享受人生的方方面面,而其他多数人则只享受胜利、成就、高潮、高峰体验等人生零星的瞬间。

在某种程度上,这种生活的内在效力来源于成长(growing)和长成(being grown)的内在乐趣,但也取决于健康人将手段性活动转化为目的性体验的能力。如此一来,作为辅助手段的活动也会像目的活动一样令人愉快(97)。成长性动机可能是长期根植于性格中的。对于大多数人来说,要想成为一名卓越的心理学家或艺术家,可能要投入一生的时间。而所有平衡论、稳态论或者静止理论都只讨论短期事件,事件彼此之间毫不相干。关于这一点,奥尔波特曾特别强调过,他指出,周密的计划和着眼于未来是健康人的核心特点或者说是天性。他说(2),"事实上,匮乏性动机的确需要减少焦虑、恢复稳态。另一方面,成长性动机会为了远期且通常难以实现的目标而使人保持焦虑。正因如此,成长性动机将人类与动物、成人和婴儿区别开来"。

3.满足在临床和人格上的影响

匮乏性需要的满足和成长性需要的满足对于人格有不同的主观和客观影响。我现在正在钻研的东西,概括来讲就是:满足匮乏性需要可以避免疾病发生;满足成长性需要对健康有积极作用。必须承认，目前很难通过研究来证明这个观点。但是，在防御威胁、攻击与积极的胜利、成就之间，自我保护、防卫和拯救与寻求实现、刺激和成长之间，的确存在**临床**差异。我曾经试着将这种差异表述为充实地生活和**准备**充实地生活之间的差异，以及成长和长成之间的差异。

4.不同种类的快乐

像许多前辈一样，埃里希·弗洛姆也曾兴致盎然地研究过该如何区分高级快乐和低级快乐，且成果斐然。这个区分对于突破主观伦理相对性极其重要，也是科学价值理论的先决条件。

他将匮乏性快乐与富足性快乐区分开来，将满足需要的"低级"快乐与生产、创造及提高洞察力的"高级"快乐区分开来。与人轻松完美地作为、处于能力高峰时——或者说是超速状态时（见第六章）——所体验到的**功能渴望**、狂喜和平静相比，那种随着匮乏性满足而产生的满足感、放松感及消失的焦虑感，至多可以称作"宽慰"。

既然"宽慰"如此依赖于易逝的东西，那它本身便也是易逝的。与之相比，成长的快乐必然更稳定、更持久、更恒定，可以永远存在。

5.可达成的目标状态（针对某一事件）和不可达成的目标状态

匮乏性需要的满足通常是暂时的、有顶点的。最常见的模式是：开始于一种催促、激励人的状态，这种状态会激发某种行为以达到目标,且会在欲望和兴奋中稳步增强,最终在成功完成的瞬间到达巅峰。在这之后,从欲望、兴奋和快乐的曲线高峰上迅速跌落,最终回到没有紧张、缺少动机的平稳状态。

虽然这种模式不是普遍的,但与成长性动机的情形形成了强烈的对比。在典型的成长性动机满足过程中,没有顶点、完成或是巅峰时刻,没有终止状态,甚至没有可以称之为顶点的目标。相反,成长是一个持续的、几乎稳定的上升或者前进的发展过程。人得到的越多,需要的越多。因此,这种需要是无尽的,永不可能得到满足。

正因如此,我们对鼓励、目标探索、目标对象和其附带影响的分离往往以失败告终。行为本身就是目标,将成长目标和成长鼓励分割来看也是不可能的,因为它们也是相同的。

6.物种共有的普遍目标和特质目标

匮乏性需要为人类全体所共有,在某种意义上也为其他物种所共有。而自我实现是特质的,因为每个人都有所不同。通常来说,匮乏性需要(也就是物种需要)应当得到较好的满足,真正的个性才能得以充分发展。

好比所有树木都需要从环境中获取阳光、水和养料,所有人类也都需要从**他们**所处的环境中获得安全、爱和地位。然而,无论是树木还是人类,这些需要都仅仅是个体真正发展的开始。一旦这些基本的、物种内部所共有的需要得到满足,每棵树、每个人就会开始利用这些需要达到个体的不同目的,按照各自独特的方式发展。深入地说,此时的发展更多地取决于内部而非外部。

7.对环境的依赖性和独立性

安全感、归属感、爱和尊重的需要只能由他人来满足,也就是说,只能来自个体外部。这意味着很强的环境依赖性。如果一个人处于这种依赖状态,何谈掌控自己或是掌握自己的命运?他**必须**对满足他的需要的来源心存感激。他受他人的愿望、心意、原则和行为规范所支配,且必须做出让步,以免危及满足感的供应来源。在某种程度上,他**必须**受"他人导向",**必须**对他人的认可、喜爱和善意保持敏感。也就是说,他必须灵活变通、迅速反应,来适应调整、改变自己,以适应外部环境。**他**是因变量,而环境是固定的自变量。

因此,被匮乏性动机所驱使的人必定更加恐惧环境,因为环境可能使他失败或者破灭。这种焦虑的依赖性同时也会滋长敌意。所有这一切使得人类丧失了自由,程度多少则取决于个人运气的好坏。

相比之下,那些已经满足基本需要的自我实现者则更加独立,更加不容易被牵制,更加自主,更加以自我为导向。他们受成长性动机驱使,非但不需要他人,相反,他人可能成为他们进步的阻碍。我之前提及过(97),自我实现者偏爱独处、不受牵绊和沉思(第十三章)。

自我实现者变得更加自信,更加独立。支配他们的因素主要是内在的,而非社会或环境因素。这些内在因素包括他们内在天性中的行为模式,他们的潜能和能力,他们的天赋、潜在资源和创造性冲动,他们认识自我、变得自洽和探索真正的自己,了解自己真正的需要,发现自己的使命、天职和命运等需要。

自我实现者较少依赖于他人,所以也不会纠结于他人。他们焦虑更少,敌意更少,不那么需要他人的赞美和喜爱,而且不那么热衷于荣誉、声望和奖赏。

自主性或对环境的相对独立性,也意味着相对程度上独立于厄运、挫折、悲剧、压力和贫困等恶劣的外部环境。正如奥尔波特所言,那些认为人类本质上具有反应性、将人命名为"刺激-反应"的人、认为人类会在外部刺激下采取行动等观点,就自我实现者而言是荒谬可笑、站不住脚的。自我实现者的行动更多受内因驱动,而非对外部因素的反应。当然,对外部世界及其要求和压力的相对独立性,并不意味着与外部世界缺少互动或者无视其"需要-特性"。这种相对独立性仅仅意味着在这些互动中,首要决定因素是自我实现者的希望和计划,而非来自环境的压力。我将这种状态称为心理自由,与之相对的是地理自由。

奥尔波特对"机会主义"和"个体自身"对行为决定的对比描述(2),与我们对外因决定和内因决定的对比阐述是相通的。同样的,我们也可以想到,生物理论学家一直认为,不断增强的自主性和对环境刺激物的独立性,是完整的个体性、真正的自由和完整的进化过程的界定特征(156)。

8.利益相关和利益不相关的人际关系

本质上来说，相对于主要受成长性动机激励的人，受匮乏性动机激励的人对他人的依赖要强得多。他们与他人更加"利益相关"，更加需要、依赖于、渴望他人。

这种依赖性扭曲、限制了人际关系。将他人首先视为满足自我需要者或者供应来源是一种孤立的行为。它使得感知者从实用的角度衡量他人，而不将其视作完整、复杂、独特的个体。他们身上与感知者需要无关的东西或是被完全忽视，或是让感知者感到厌烦、愤怒或者威胁。这种关系就好像我们与牛、马、羊的关系，或者与服务员、出租车司机、搬运工、警察或者其他为我们**所用**的人的关系。

只有对他人无所需要，或者**他人**不被需要的时候，才可能无关利益地、无关欲望地、客观全面地认识他人。自我实现者（或正处于自我实现阶段的人）更有可能从美学角度去认知一个独特的、整体的人。此外，他们对他人的赞同、欣赏和爱并非是为了报答他人对自己的用处，更多的是基于他人的客观内在品质。某人受到敬佩，是因为他拥有令人敬佩的品质，而非因为他会谄媚或奉承；某人被爱，是因为他值得被爱，而非因为他付出了爱。这就是我们下面要讨论的亚伯拉罕·林肯所说的无需求的爱。

至于那种"利益相关"、满足需要的人际关系，其特征之一就是这些满足需要的人是可以替换的。比如说，青春期少女本身需要爱慕，因此，谁提供这种爱慕没有多大差别，这个爱慕提供者可以，那个爱慕提供者也不错。爱的提供者和安全提供者也是如此。

一个人越是渴望满足匮乏性需要，就越难不求利益和回报地去认识他人，将他人视为独特、独立、只为他本身的个体，越难将他人看作人而非工具。"高上限的"人际心理学，即对人类关系最高境界的研究，不能基于匮乏性动机理论之上。

9.自我中心和自我超越

当我们试图描述成长导向者（也就是自我实现者）对自身（或者说是自我）的复杂态度时，会出现一个难解的悖论。正是这个自我力量达到巅峰的人，最容易超越、忘记自我，最能以问题为中心，最容易忘却自身，在活动中最具自发性。用安吉亚尔的话来说（6），就是同律性最强。这种人对于认知、行动、欣赏、创造的投入非常完整、统一、单纯。

匮乏性需要越多的人，越难拥有这种以世界为中心的能力，他们往往以自我为中心，以满足需要为导向。人越被成长性动机激励，越以问题为中心，面对客观世界时越能放下自我意识。

10.人际心理治疗和人际心理学

寻求心理治疗的人的主要特征之一，是过去或现在的基本需要未能得到满足。神经官能症可以被视为匮乏性疾病。因此，必要的基本治疗方法是，向病人提供他一直匮乏的东西，或让病人自己为自己提供所匮乏的东西成为可能。而由于这些供给的来源是他人，因此，一般的治疗方法**一定**是基于人际的。

这个特征固然是事实，但被过度泛化了。的确，即使是匮乏性需要得到满足的人和以成长性动机为主要导向的人也不能完全避免矛盾、不快、焦虑和困惑。此时,他们也会寻求帮助,并很有可能求助于人际治疗。但是,面对问题和矛盾时,以成长性动机为导向的人往往自己独立解决,他们会在沉思中自我审视,即进行自我探索而非寻求他人帮助。即便从根本上来讲,自我实现的许多方式也都是个人内部的,例如,制订计划、自我探索、选择要发展的潜能、构建人生观,等等。

在人格完善理论中,我们必须为自我完善、自省、沉思和冥想留有一席之地。在成长的后期,个体实质上是孤身一人的,只能依靠个体自己。奥斯瓦尔德·施瓦茨(Oswald Schwarz)将一个已经较为完善的人的进一步完善称为"心理促进学"(151)。如果说心理治疗是治愈病人、消除病态症状,那么心理促进学则始于心理治疗止步之处,它致力于让无病的人变得健康。罗杰斯(142)曾提到这样一点,让我很感兴趣:成功的治疗能让病人的威洛比情绪成熟量表平均分数由25%提高至50%。那么谁能将这个数字提高到75%或100%呢? 对此,我们是否需要提出新的原则和方法呢?

11. 工具性学习和人格改变

在美国,所谓的学习理论几乎都建立在目标外在于有机体的匮乏性动机的基础上,也就是说,学习是满足需要的最好方法。因此,我们学习心理学的知识范围很有限,仅在生活的有限领域有所用处,也只有"学习理论家"才真正对它感兴趣。

学习理论对于解决成长和自我实现问题来说作用甚微；至于那些如何反复从外部世界获取满足匮乏性动机的方法，更加无须学习。与联想学习和渠化学习相比，知觉学习（123）、提高洞察力和理解力、自我认识和人格的稳步成长（即增强协同、整合和内部一致性）来得更为重要。与逐个养成习惯、展开联想相比，改变的真正意义在于整个人的彻底改变，也就是变成一个全新的人，而不只是在原来的基础上像买了一些身外之物一样习得一些习惯。

这样一种性格—改变—学习的模式意味着去改变一个非常复杂、高度协调、整体的有机体，反过来，这也意味着许多影响根本不会引起变化，因为随着自身稳定性和自主性的增强，个体会拒绝这样的影响。

在我的研究对象向我反馈的最重要的学习经验中，最常见的是个人生活经验，例如，悲剧、死亡、创伤、转变、顿悟等。这些经验会迫使个人的人生观发生改变，从而改变他的一切行为（当然，所谓的"消解"悲剧或顿悟所需的时间相当长，但这也并非联想学习的问题）。

如果成长可以排除压制和约束，可以允许个体"做自己"、自然而然地"以放射的方式"做出行为，而非去重复行为，可以允许个人内在天性自然流露，那么，自我实现者的行为是天生的、天赋的、自然释放的，而非习得的；是主动表现的，而非被动应对的（97，p.180）。

12.匮乏性动机激发的知觉和成长性动机激发的知觉

我们所能发现的最重要的差异可能是，匮乏性需要得到满足的人与存在领域的关系更为紧密（163）。尽管哲学家们所得出的这个论断尚不清晰，却无疑拥有现实基础。然而，心理学家至今还未认可这个论断。但是如今，通过研究自我实现者，心理学界得以认识到各种基本常识，这些常识于哲学家而言是老生常谈，于心理学界而言却是全新的。

比如说，如果仔细研究与需要有关的知觉和与需要无关的知觉（或者说是无需求的知觉）两者之间的区别，我们对知觉及被知觉的世界的理解将会发生巨大的变化，变得更加开阔。因为无需求的知觉更加具体，不那么抽象，选择范围较窄，所以人们可能更容易看清知觉的内在特性，以及对立、分歧、两极、矛盾和不相容的东西（97，p.232）。这就好比发展不充分的个体生活在亚里士多德的世界里，在这里，等级和概念之间有严格的界限，它们之间相互排斥、互不相容。例如，男性—女性、自私—无私、成人—儿童、善良—残忍、好—坏等。以亚里士多德的逻辑观来看，A就是A，任何其他东西都是非A，A与非A永远不可能有交集。而自我实现者所看到的却是A和非A相互渗透，互为一体，任何人都**既是**好的**又是**坏的，**既是**男性**又是**女性，**既是**成人**又是**儿童。我们不可能把整个人置于一个连续统一体中，只能看到其被抽取出来的一个方面。

我们可能察觉不到自己正在采取"需要—决定"的方式去

认知，但当他人以这个方式认知**我们**时，我们一定会有所察觉。例如，当他人只将我们当成金钱给予者、食物供应者、安全提供者、可以依靠者、服务员、其他连名字都无须知道的仆役或达到目的的工具，我们会非常不快。我们希望他人看到的是我们自己，是完整的个体，我们讨厌被当作提供用处的对象或工具。我们不喜欢"被利用"。

而自我实现者通常不需要从他人身上抽取出满足他的需要的品质，也无须将他人看作自己的工具，因此，他们更可能以不评估、不判断、不干预、不指责的态度对待他人，即无所欲求、"不加选择的觉知"（85）。也唯有这样，才有可能更清醒、更深刻地知觉和理解他人和他物。这种不纠缠、不参与、超然的知觉，即便外科医生和治疗专家都需要通过努力才能达到，而自我实现者**不需努力便可如此**。

当被知觉的人或对象复杂、微妙、隐晦时，这种知觉方式上的差异尤为重要。此时，知觉主体必须尤其尊重客观对象的本质，必须温和、细心、不侵扰、不苛求，要像流水缓缓渗入裂缝那般，非暴力地进入事物的本质。绝**不能**像"需要—动机"知觉那样，以盛气凌人的、压倒一切的、剥削的、有目的的方式，如同屠夫解剖动物尸体那般，将客观事物按照自我意愿来知觉。

要想认知世界的内在属性，最有效的方式是去接受而非参与其中，应该尽可能多地去接受知觉对象的内在结构，尽可能少地被知觉主体的自身本性所影响。这种超脱的、道家式的、被动的、不干预的、针对具体事物同时并存的所有方面的认知，与某些审美体验和神秘体验的描述非常相似。两者所强调的重点是相同的：我们所看到的是真实的、具体的世界，还是投射在真实世界之上的自己的理念、动机、预期和抽象概念？又或者，直白地说，我们是真的看见了，还是自以为看见了？

需要的爱和非需要的爱

研究表明，对爱的需要是一种匮乏性需要，鲍尔比（17）、斯皮茨（59）、利维（91）等人的研究便是如此。就好像有一个空洞，必须用爱填充；有一种空虚，必须将爱倾入。如果无法得到治疗的必需品——爱，就会出现严重的病态；如果在适当的时机，**可以**获得适量的、适当类型的爱，就可以避免病态。病态和健康的中间状态，就像挫败和满足的中间状态一样。如果病态还不太严重，而且可以及早发现，就可以用替代疗法将其治愈。换句话说，在某些病例中，补偿病理性的匮乏可以治愈"爱的饥渴"这种疾病。爱的饥渴是一种匮乏性疾病，就像缺少盐分或维生素会造成疾病一样。

健康的人是没有这种匮乏的，他们只需要少量、稳定、维持剂量的爱，甚至可能在某段时间，完全没有都可以。但是，如果说动机问题完全意味着满足缺失、摆脱需要，就会出现这样一个矛盾：一旦需要得到满足，需要就会消失。这意味着，身处满足需要型爱恋关系中的人恰恰**不太可能**给予和获得爱！然而，对较为健康的人的临床研究表明，虽然他们对爱的需要得到了满足，不太需要**得到**爱，但他们却更有可能**给予**爱。从这个意义上讲，他们**更**有爱。

这一发现暴露了（以匮乏性需要为中心的）普通动机理论的局限，也说明了"超越性动机理论"（也就是成长性动机理论和自我实现理论）的必要性（260，261）。

我在前文已经对存在爱（对另一个人的存在的爱、无需求的爱、无私的爱）和匮乏爱（匮乏性的爱、需要的爱、自私的爱）背后的动力进行了初步对比（97）。因此在这里，我只想以以下两个对照组为例，意在阐明以上几个结论。

1.意识欢迎存在爱的进入，并且彻底地喜爱存在爱。因为存在爱是非占有性的，提供赞美的，而非渴望被需要的，它不会带来困扰，实际上还总是带来快乐。

2.存在爱不是用来被满足的，而是用来被无尽享受的。它通常不会消失，反而会越来越多。它本质上是令人愉快的，它是目的而非手段。

3.无论从对其的描述还是效果上来看，存在爱的体验往往与审美体验或神秘体验相同（见关于第六章和第七章中"高峰体验"相关论述，或参考文献104）。

4.体验存在爱的心理治疗和心理促进有深刻且广泛的作用。就好像健康的母亲对自己的孩子相对纯洁的爱，或某些神秘主义者描述的对上帝的完全之爱对性格会产生影响一样(69, 36)。

5.毫无疑问,相对于(所有存在爱者也都曾体验过)匮乏爱而言,存在爱是一种更丰富、更"高级"、更有价值的主观体验。我的其他年龄较大、较为典型的研究对象同时体验过存在爱和匮乏爱不同的组合形式,而他们更享受的是存在爱。

6.匮乏爱**能够**得到满足。而"满足"这一概念几乎完全无法用于对另一可赞、可爱之人的赞赏之爱。

7.存在爱中的焦虑和敌意是最少的,甚至可以认为不存在。当然,对另外一方的焦虑是**可能**存在的。而匮乏爱中总会存在一定程度的焦虑和敌意。

8.存在爱者相互之间更加独立,更加自主,嫉妒或威胁更少,需要更少,更加独特,更加无私,但同时又更加渴望帮助对方自我实现,也更为对方的成就而感到自豪,更加利他、更加慷慨、更加互相成就。

9.存在爱可以让我们最真实、最深刻地知觉他人。我已经强调过,它既是认知反应,又是情感意动反应(97, p.257)。这一点非常显著,且多次被其他人的后来体验所证实。因此,我不认同"爱使人盲目"这样的陈词滥调,而是越来越认为,恰恰**相反**,无爱才使人盲目。

10.最后,我可以说,存在爱给人以合作伙伴,虽然这一论断很深奥,但经得起考验。存在爱使人自我认知、自我接纳,给人以值得被爱、值得被尊重的感觉,这一切都让人得以成长。没有存在爱的人类是否还能得到充分发展,这是个问题。

第四章　防御和成长

　　我试图通过本章的论述，使得成长理论更加系统化。因为，一旦我们接受了成长这个概念，许多细节问题就会随之产生。比如，成长是如何发生的？儿童为什么成长，或为什么不成长？他们怎么知道该往哪个方向成长？他们又如何避开病态的方向？

　　自我实现、成长和自我等都是高度抽象的概念。我们需要深入了解它的实际发生过程和原始数据，以及具体的真实事件。

　　自我实现等都属于远期目标。而健康成长的婴儿和儿童并不会苦苦着眼于远期目标和遥远的未来，他们忙着享受当下的快乐生活，他们自然而然地活在当下。他们**正在生活**，而非**正在准备**去生活。那么，他们是如何做到只是自然地存在，并不**奋力**成长，除了享受当下别无所求，却仍然可以一步步地前进，可以健康地成长，可以发现真正的自我呢？我们该如何协调存在和形成呢？成长并不只是前方一个简单的目标，自我实现和自我发现亦然。在儿童时期，成长不是刻意为之的，而是自然发生的。孩子们不是在寻觅成长，而是自然地发现了成长。匮乏性动机和目的性应对的规律并不适用于成长、自发性和创造性。

纯粹的存在心理学的危险在于其偏向于静止,也就无法解释运动、方向和成长的问题。我们往往将存在和自我实现描述为完美的涅槃状态。一旦到达,便万事大吉,止步于此,将完美状态维持下去,便可永享极乐。

解决方案其实很简单。那就是,如果比起之前的状态,向前进一步会在主观上更令人愉悦,本质上更让人满意,那成长就会发生;要想判断对我们来说什么才是最好的,唯一的标准就是其让人主观感觉良好,且不可替代。新的体验可以通过**自身**来证实,而不需要通过外在标准。它可以自己为自己辩护,自己来证实自己。

我们这样做,不是因为这样做对自己有好处,不是因为心理学家赞同这样的做法,不是因为别人让我们这样做,不是因为这样可以长寿,不是因为这样做有益于人类,也不是因为这样做可以得到任何外来的奖励,或者这样做才符合逻辑。我们这样做的真正原因,与我们选择这一道甜品而不选择另一道是一样的。在之前的论述中,我曾经提到过这一点,这就是相爱或择友的基本机制,比如说,亲吻这个人比亲吻另一个人更让我们快乐,与a交往比与b交往在主观上更令人开心。

这样一来,我们可以了解到自己擅长什么、真正喜欢什么、不喜欢什么,认识到自己的偏好、想法和能力。总而言之,由此我们能够发现自我,能够回答"我是谁?我是怎样的人"这些根本问题。

向前迈步、做出抉择是完全自主的、由内而外的行为。健康的婴儿或儿童只是存在着,他只是随意、自发地去好奇、去探索、去疑惑、去产生兴趣,这都是他自身存在的一部分。即使在没有目的、无须应对、自发地表达自我时,即便在不被任何常见的匮乏性需要所驱使的时候,他依然倾向于尝试验证自己的能力,去靠近世界,为之所吸引和着迷,去参与其中,去琢磨,去尝试操控这个世界。**探索**、**操控**、**体验**、感兴趣、选择、高兴、**享受**,都可被看作纯粹存在的特性,并将使得形成成为可能,虽然这是以一种偶然的、无计划的、无预期的方式。自发的创造性体验可以在无预期、无计划、无预见、无目标的情况下发生。只有当儿童充分满足自己,感到无聊时,才可能转向其他乐趣,或许"更高级的"乐趣。

["然而矛盾的是,艺术体验不允许目的性。就我们所理解的'目的'一词的意义来说,艺术体验必须要无目的。它只能是一种对于**存在**的体验——作为人类有机体这一存在所必须的、有幸享有的体验——强烈而全面地去体验生活、挥洒精力、创造具有独特形式的美——而在此过程中得到提高的敏锐度、完整性、效率和幸福感都不过是副产品而已。"(179, p.213)]

如此一来,不免会产生如下问题。是什么使他退缩? 是什么阻碍了成长? 哪里存在冲突? 除了向前成长还能如何? 为什么对于有些人而言,向前成长如此艰难、痛苦? 在此,未满足的匮乏性需要的固着力和后退力,安全和保障的吸引力,针对痛苦、恐惧、损失和威胁的防御和保护机能,以及成长所需的勇气,我们都需要对它们有更充分的认知。

每个人身上**都有**两组力量。一组出于恐惧，强烈依恋着安全和防御机制，留恋过去，倾向于后退，**害怕**脱离与母亲的子宫和乳房的原始联系，**害怕**冒险，**害怕**危及已有的东西，**害怕**独立、自由和分离。另一组力量推动人向前，鼓励人去实现完整、独特的自我，去发挥其全部的能力，建立面对外在世界的信心，同时去接受最深处、最真实的无意识自我。

以上所述的内容可以用一个图式来表示，虽然简单，但颇具启发性和理论性。我认为，这种防御力量和成长趋势之间的困境或者说是冲突镶嵌在人类本性的最深处，无论现在还是将来，都将一直存在。如下图所示：

安　全 ←——— < 人 > ———→ 成　长

这样一来，我们可以轻而易举地将各种成长机制做如下简单划分：

1.增强成长方向的矢量，例如，使成长更具吸引力、更令人愉悦；

2.将对于成长的恐惧最小化；

3.将安全方向的矢量最小化，即降低其吸引力；

4.将安全、防御、病态和后退等恐惧最大化。

然后，我们就可以在图式里添加如下四组效价：

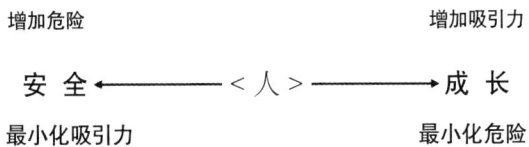

这样一来，我们就可以将健康成长的过程看作一系列永不结束的自由选择情境。人的一生每时每刻都在面对这种选择情境，都不得不在安全和成长、依赖和独立、后退和前进、不成熟和成熟之间做选择。安全既让人忧虑，也让人愉悦；成长也是这样。当成长的乐趣和对安全的忧虑大于对成长的忧虑和安全的乐趣时，我们才得以向前成长。

以上我所论述的内容看似是老生常谈，但对于竭尽全力做到客观、公开、行动主义的心理学家来说，却并非如此。心理学家进行了多次动物实验和大量推理，才成功说服研究动物动机的学生：要想对目前得出的自由选择实验结果做出解释，必须将 P. T. 杨所说的快乐因素置于减少需要的考量之上。例如，即使糖精绝不可能减少小白鼠的需要，但小白鼠还是会选择糖精而不是白水，这种结果**一定**与糖精（无用的）味道有关。

另外需要注意的是，主观的快乐体验可以为**任何**有机体所拥有：婴儿可以有，成人也可以有；动物可以有，人类也可以有。

目前所出现的这种可能性，对于理论家来说非常有魅力。我们为了解释动物偏好实验、婴儿喂养和职业选择的自由选择观察和对稳态的大量研究而使用的体系,或许也可以将自我、成长、自我实现和心理健康这些高级概念全部纳入其中(27)。

当然,"从快乐中得到成长"这一设想,必然会导致如下假设:让我们感觉愉快的东西,也会对我们的成长"更好"。我们相信,如果**真正**有选择自由,且选择者不过分厌恶或害怕做出选择,那么他多半会做出有益于健康和成长的明智选择。

很多实验都可以支持这个假设,但现有的实验主要以动物为研究对象,还需要对人类的自由选择进行详细的研究。我们必须在现有知识的基础上,从本质和心理动力两个层面,进一步研究人们做出坏的选择和不明智选择的原因。

我之所以认为"从快乐中得到成长"这一设想有利于理论的系统化,原因还有一个:我发现这个设想可以与动态理论很好地结合。弗洛伊德、阿德勒、荣格、沙赫特尔、霍妮、弗洛姆、伯罗(Burrow)、赖希(Reich)、兰克(Rank)等人的动态理论,还有罗杰斯、布勒、库姆斯(Combs)、安吉亚尔(Angyal)、奥尔波特、戈尔茨坦、默里、莫斯塔卡斯(MoustaKas)、波尔斯(Perls)、布根塔尔(Bugental)、阿萨鸠里(Assagioli)、弗兰克尔(Frankl)、朱拉德(Jourard)、梅、怀特(White)等人的理论**都**与之十分相符。(可参考118了解以上学者。)

我之所以批判传统的弗洛伊德主义者,是因为他们(在极端情况下)喜欢将一切都病态化,对人向健康方向发展的可能性看得不够清晰，戴着棕色眼镜看待一切事物。但是成长学派（在极端情况下）也同样存在弱点，因为他们往往戴着玫瑰色眼镜看待一切，对于病态、弱点和成长**失败**等问题总是采取回避态度。前者像一种仅有邪恶和罪孽的神学；后者则是一种没有丝毫邪恶的神学。两者同样错误，同样不切实际。

安全和成长之间还有一层关系，必须加以特别说明。显然，向前成长通常是小步前进的。只有在有安全感时，感到向外探索未知时拥有一个安全的母港时，感到即便冒险也有路可退时，成长才会向前一步。我们可以以学步的小孩儿离开母亲探索陌生环境为例。下面是一个很典型的场景：小孩儿先是紧紧抓住母亲，只用眼睛探索房间，然后壮着胆子离开母亲一点儿，同时不断确认母亲是否还在保护自己。慢慢地，离开的距离越来越大。小孩儿就是用这种方式探索危险、未知的世界的。假如母亲突然消失，小孩儿就会陷入焦虑，其探索世界的兴趣也会消失，只希望能重新回到安全的母体，甚至还可能失去已有的能力——他可能只敢在地上爬，不敢走路。

我们完全可以根据这个例子来进行归纳。在安全得到保证后，更高级的需要和冲动才会出现，然后逐渐增长，进而占据支配地位；一旦危及安全，就会后退到更初级的位置。这也就意味着，当面对选择安全还是选择成长的两难境地时，人们往往选择安全。安全需要比成长需要更具优势。这是对基本公式的一种延伸。一般来说，只有感到安全的儿童才敢于健康成长。必须满足他的安全需要，而不能**催促**、**强推**儿童前进。因为未被满足的安全需要会永远潜伏，持续叫嚣着，要求被满足。安全需要满足得越充分，对孩子的效价越少，吸引力越低，越不会泄掉孩子的勇气。

那么，我们如何才能知道儿童究竟在什么时候感到足够安全、敢于向前迈出新的一步呢？说到底，唯一的方法就是观察**孩子的**选择，也就是说，只有**孩子自己**真正知道，究竟是在哪一刻，前方的召唤力胜过了后方，究竟是在哪一刻，勇气压倒了恐惧。

归根结底，所有人，哪怕是儿童，都必须自己为自己做选择。不能总是由他人替自己选择，否则，人就会衰弱、失去自信，他在经验中觉察**自己的**内在快乐、冲动、想法、感受的能力会被扰乱，也无法将属于自己的想法和感受与内化到自身的他人标准加以区分。[1]

---

1. "从拿到包装盒的那一刻起，他就感到了一种可以按自己的意志支配它的自由。他打开了它，猜测它是什么，认出它是什么，或感到喜悦，或感到失望，他观察盒内物体的排列，找到了一本说明书，感受钢的触感，感受每个零件不同的重量和数量，等等。在试图用这组零件做一个东西之前，他先做了以上的事情。在这之后，他才突然有了用它做成某种东西的冲动。即便可能只是将一个零件与另一个相匹配，他便足以感到自己做了一些事，感到自己可以有所作为，而不是对那个零件无法施加任何影响。无论后来他又做了什么，无论他的兴趣是否扩展到想要使用整套零件，进而获得更大的成就感，还是就此完全放弃，他与这组零件的初步接触都是富有意义的。

"主动体验的结果可以大致总结如下：从身体的、情感的和智力上进行自我参与；对个人能力的认知和进一步探索；有助于能动性和创造性的启蒙；有助于找到属于自己的步伐和节奏，以及个人在特定时刻承担任务的能力，包括如何避免承受太多任务的能力；让人获得可以应用于其他事情的技能；使人每次积极参与某件事时，哪怕是微不足道的小事，都有机会去发现更多的自我兴趣所在。

如果事实的确如上所述,孩子必须最终自己选择自己的成长方向,因为只有他自己才知道自己的主观快乐体验,那么应该信任个体内在的力量,还是借助外界的帮助?这两者该如何调和呢?上面已经说过,个体成长的确需要帮助。没有帮助,个体会恐惧、迟疑,不敢前进。那么,我们该如何帮助个体成长?同样,我们还需要知道,如何做会危害个体的成长?

就儿童而言,主观快乐体验(信任他自己)的对立面是他人的评价(爱、尊重、赞同、欣赏、他人的奖励、信任别人而非自己)。因为对于无助的婴儿和儿童来说,他人至关重要,孩子们对失去他人的担心(视他人为安全、食物、爱、尊重等的供应者)是

"将上述情境与以下情境对比一下:某人带回一套组装玩具,对孩子说:'给你一套组装玩具,我来替你打开。'他打开包装,一一指明盒子中的东西,翻开说明书,打开各种零件,甚至开始组装一个复杂的模型,比如起重机。此时,孩子可能会对他的所作所为很感兴趣,但是如果我们从另一方面来看呢?孩子的身体、智力和情感因此无法参与到组装中;他无法亲自组装这个对他而言崭新的东西,无法认识自身的能力,无法进一步发展自己的兴趣。不仅如此,替孩子组装起重机,还可能让孩子感到一种隐晦的要求:要求孩子在面对其他相同的复杂任务时,要做得像成人一样好,一样不需要提前进行准备工作。这样一来,本来自然就可达成的结果,现在变成了目的,而本该包含在实现目标过程中的体验则被替代了。而且,无论这个孩子今后再独立做什么事情,与之前这个成人替他做的相比,都会显得无足轻重、不值一提。孩子未能获得下次应对新事物的经验。换言之,他没有发生内部的成长,只是被外部力量叠加上了某种东西……哪怕是一点一滴的主动体验,都是让孩子发现自己的好恶的机会,也是让他进一步了解自己想成为什么样的人的机会。这是孩子走向成熟和自我引导的关键部分。"(186, p.179)

最首要、最可怕的威胁。因此，孩子们常常在自己的快乐体验和他人的赞赏之间挣扎选择，且不得不选择他人的赞赏。至于自己的快乐体验，只能将其加以抑制，或使其消失，或故意忽视，或用意志力将其控制。由此带来的后果是：孩子们不认可自己的快乐体验，或为此感到羞耻、难堪，想要加以掩饰，最终失去体验快乐的能力。[1]

---

1. "怎么可能会丧失自我？这种背叛行为是不可思议的、未知的，它始于我们孩童时期秘密的精神毁灭。每当我们不被爱，每当我们的自然愿望被剥夺时，就会经历一次精神毁灭。（请思考：我们还剩下什么？）但是，请注意，这种精神毁灭并不是简单的精神谋杀。简单的精神谋杀可以一笔勾销，受害者还是有可能'因长大而不再'（outgrow）感到受伤。但这种秘密的精神毁灭是完美的双重犯罪，年幼的受害者也在渐渐地、不知不觉地参与犯罪。**真实的我们**是不被接受的。哦，他们当然是'爱'我们的，但却希望、强迫或期待我们发生改变！因此，我们**一定是不被接受的**。我们自己也学着相信这一点，最后甚至认为自己理应不被接受。我们真正放弃了自己。现在，无论我们顺从别人还是依恋别人，反抗别人还是离开别人，我们的行为和表现都足以说明：我们的重心在'别人'身上，而非自己身上。即便我们意识到了这一点，也会认为这是很自然的。整个过程看似非常合理，一切都在无形地、自动地、平平常常地发生着。

"这是一个完美的悖论。一切看起来十分正常；没有谁有意地犯罪；没有尸首；无人有罪。太阳照常东升西落。但是究竟发生了什么呢？实际上，我们不仅被自我，也被他人抛弃了（其实现在我们已经没有了自我）。我们失去了什么？我们失去的是我们身上真实而重要的那一部分：我们的肯定感。而肯定感是成长所必备的能力，是我们的根基。但是，哎，我们还没有死亡。所谓的'生活'还在继续，我们也必须继续。从我们放弃自我的那一刻开始，直到如今，我们完全在不知不觉中着手创造一个伪自我，并将其维持了下来。但是，这个没有渴望的自我只不过是权宜之计。当我们做了可鄙之事时，这个自我会伪装成值得被爱那么，根本问题就在于，我们要选择他人期望的自我还是我们自己的自我？如果坚持自我就意味着必须失去他人，那么儿童一般会选择放弃自我。事实的确如此，原因上文已经阐述过：对于儿童来说，安全是最基本、最具优势性的需要，远比独立和自我实现重要得多。如果成人强迫儿童在这个（较低级的）关键需要和另一个（较高级的）关键需要之间做出选择，儿童一定会选择安全，即使要以放弃自我与成长为代价。

（原则上来说，我们没有必要逼迫儿童做这样的选择。然而**实际情况是**，由于自身的病态和无知，我们常常这样**做**。这种做法没有必要，是因为有足够多的实例证明：在同时面对所有高级需要时，儿童可以无须付出巨大代价，**既**获得安全和爱，**又**获得尊重。）

我们可以从治疗情境、创造性教育情境、创造性艺术教育及创造性舞蹈教育中得到启发。如果我们将情境氛围设定成宽容的、欣赏的、赞扬的、认可的、安全的、愉快的、安抚的、支持的、

的样子，或是凶悍的样子；当我们软弱时，这个自我会故作坚强；这个自我会为了生存而非消遣和乐趣而运动（尽管表演得不够自如）。此时的我们之所以动，不是因为我们想要动，而是因为我们必须动。这种迫不得已的生活并非生活——并非我们的生活——而是一种试图逃避死亡的防御机制。同时，它也是死亡机器。这样一来，我们会被强迫性的（无意识的）**需要**折磨，或被（无意识的）矛盾啃噬至麻痹。每时每刻和每一个动作，这种需要和矛盾都在侵蚀我们的存在和完整性；与此同时，我们还得伪装成正常人，像正常人一样表现！

"总而言之，我发现，我们在建立伪自我和自我机制，并捍卫它们的时候，我们会**变得**神经质；我们越没有自我，就越神经质。"（7, p.3）

无威胁的、不评判的、不比较的,也就是说,使个体感到绝对安全、不受威胁,那么,个体便可能表现出各种次要的真实情绪,例如,敌意和神经质的依赖等。一旦这些次要情绪得到充分宣泄,个体便会自然地转向有利于成长或是他人认为"更高级"的其他快乐,例如爱和创造性等。而且,当个体两种快乐都体验过后,会更喜欢第二种快乐。(对于治疗师、教师、帮助者等人来说,无论他们认同哪种外显理论,都不会有太大的差别。真正优秀的治疗师可能认同悲观的弗洛伊德理论,但其**真正治疗时**却对成长的可能性抱有希望。真正优秀的老师口头上或许对人的本性极其乐观,但在**实际教学中**却表现出对后退力量和防御力量的充分理解和尊重。无论是多么全面和实际的哲学,在实践、治疗、教学和家教上都有可能行不通。只有尊重恐惧和防御的人,才能够教学;只有尊重健康的人,才可以做治疗师。)

  在这种情况下,会存在这样一种悖论:即便是"坏"的选择,也可能对患神经症的选择主体"有益",或者说,至少就个体状态而言,这种选择是可以理解的,甚至是必需的。要知道,无论是以强制或者太过直接的对抗方式去除神经官能症状,或者设置压力情境、打破选择主体对可洞察的痛苦所做出的防御,都会让选择主体彻底崩溃。这就涉及了成长的**节奏**这一问题。优秀的父母、治疗师和教育者又一次在**实践**中让人刮目相看,他们仿佛明白,要使成长看上去不是荆棘丛生而是前景美好,需要亲切、温和、尊重恐惧、理解防御力量和后退力量的天然性。他们好像深知"成长必须基于安全"这个道理。他们敏锐地**感觉**到,如果一个人的防御非常森严,一定事出有因。即便他们知道孩子"应该"走哪条道路,也依然理解孩子的迟疑,愿意耐心地等待孩子自己做出选择。

从动态的角度来看,只要我们认可防御智慧和成长智慧这两种智慧,那么**所有**的选择最后都可以是明智的。(见本书第十二章对第三种"智慧",即"健康的退行"的讨论。)防御可以跟冒险一样明智,这取决于特定的个体、他的特定状态及做出选择的特定情境。如果选择安全就能规避超出个体承受范围的痛苦,那么选择安全就是明智的。如果我们想要帮助某个人成长(因为我们知道一直选择安全的话,最终会给他带来灾难,而且会剥夺他享受成长、必将食髓知味的可能性),那么我们所能做的,就是在他请求我们帮助他摆脱痛苦时,施以援手,或者让他感觉安全,同时示意他继续前进,去**尝试**新的体验,如同母亲张开双臂鼓励孩子走路一样。我们不能**强迫**个体去成长,只能加以**哄劝**,使成长更具可能性,对于他会对成长食髓知味抱有信心。**只有**个体**自己**才能更喜欢成长,他人不能代替他喜欢或选择。如果成长注定成为他的一部分,那么**他**必须喜欢它。如果他不喜欢它,我们必须通情达理地让步,承认当前还不是成长的好时机。

这意味着,在成长过程中,病态儿童应当和健康儿童得到同样的尊重。只有当他的恐惧得到尊重和认可时,他才有勇气变得勇敢。我们必须理解,黑暗的后退力量和成长力量同样"正常"。

这个任务非常棘手。因为它意味着我们知道对他来说什么是最好的（因为我们**的确**在召唤他向我们选择的方向前行），同时又意味着，长远来看只有他自己了解什么对自己最好。这还意味着，我们应当多**劝说**，少强迫。我们必须做好充分的准备，不仅要召唤他向前，还要尊重他后退，允许他舔舐伤口、恢复体力、回到安全有利的位置审时度势。甚至，即便他后退到从前被"低级"快乐主导的状态，我们也要尊重他的决定。唯有如此，他才能重拾继续前进和成长的勇气。

　　这时，帮助者又可以大展身手了。帮助者为人所需，不仅是因为他能促进健康儿童成长（在健康儿童需要帮助时"在场"），在其无须帮助时自动退场；更是因为，有人"陷入"固执、森严防御和安全警戒的状态中，失去成长的可能，情况紧急，迫切需要他的帮助。神经官能症具有自我延续的倾向，性格结构也同样如此。我们可以等待生活向他证明他的体系是无效的，也就是让他最终陷入神经质的痛苦中；也可以理解他，尊重和了解他的匮乏性需要和成长性需要，以此帮助他成长。

　　这其实是道家"顺其自然"思想的修订版，完全"顺其自然"通常是不行的，因为成长中的儿童需要帮助。而这个修订版则可以表达为"顺其自然地给予帮助"，这是有关**爱**和**尊重**的道家思想，它既承认成长，承认让成长向正确方向行进的特定机制，也承认、尊重成长的恐惧、成长的缓慢节奏、成长中的阻碍、病态及妨碍成长的因素。它认可外部环境在成长中的地位、必要性和用处,却不认为其占支配地位。它对成长大有裨益,因为它洞悉到了成长的机制且愿意促进成长,而非仅仅袖手旁观地抱有希望、消极地表示乐观。

上述内容与我在《动机与人格》一书中所提出的一般动机理论较为相关。尤其是需要的满足理论,我认为这是人类健康发展唯一的最重要的根本原则。这个整体性原则将复杂多样的人类动机结合在一起,它就是:较低级的需要得到充分满足后,往往会出现较高级的新需要。那些有幸得以正常、健康生长的儿童,其需要得到了满足,且对充分体验的快乐感到**厌倦**,就会**热切地**(而非被迫地)追求更高级、更复杂的快乐,只要这些快乐是可以获得的,且不会带来危险或威胁。

这个原则不仅在复杂的儿童动机动力学中有例证可循,而且,就微观而言,其在更普通的儿童行为发展中也都有所体现。例如,学习阅读、滑冰、画画或者跳舞。儿童掌握简单的单词后,会非常喜欢它们,但并不会就此止步不前。在适当的氛围中,他会自发地表现出继续掌握更多、更长的单词及更复杂句式的愿望。如果他被迫停留在简单的阶段,就会对之前令他快乐的东西感到厌倦且变得躁动不安。儿童**渴望**前进、运动、成长。只有在下个阶段遇到挫折、失败、反对和嘲笑时,他才会停止或者后退。此时,我们会面对错综复杂的病态变化和神经损伤,在这种情况下,未能实现的冲动可能仍然存活着,但冲动和能力也可能就此消失。[1]

---

[1] 我认为,这一原则可以普遍适用于弗洛伊德的性心理发展阶段理论。

由此，我们最终可以总结出一种主观手段，以对按层次排列需要的原则做出补充。这一手段可以引导个人"健康"成长。按层次排列需要的原则适用于任何年龄。即便已经成年，重寻牺牲的自我的最好途径，仍是恢复对自我快乐的觉察力。通过治疗，成年人可以发现，幼时那种对他人认同的需要，如今已经无须再以幼时的形式和程度存在了；幼时对失去他人认同的恐惧，以及随之而来的对于弱小、无助和被抛弃的恐惧，如今都已经不再像儿时

口腔期婴儿的快乐大多来自口腔活动。而有一种特殊乐趣往往会被我们忽略，那就是熟练掌握带来的乐趣。我们应当记住，婴儿能很好、高效地完成的**唯一**事情就是吮吸。他对其他任何事情都无能为力；而且我认为，这就是自尊的早期形式（掌控感），这也是婴儿体验熟练掌握（效率、控制、自我表达、意志）的乐趣的唯一方法。

但是，他很快就会获得其他的掌握力和控制力。这里我所指的不仅是肛门控制（我认为它固然是正确的，但被过分夸大了）。在所谓的"肛门期"，运动能力和感觉能力固然得到了充分发展，从而带来了快乐和掌控感；但是，此处的重点是，口腔期婴儿对口腔的掌控逐渐发展完善，并开始对它感到厌倦，就像他开始对纯母乳感到厌倦一样。在自由选择的情境中，他倾向于放弃乳房和母乳，转而追求更加复杂的活动和口味，或是想方设法将这种向"高级"方向发展的追求加诸乳房之上。如果得到充分满足、拥有选择的自由、没有威胁，他会逐渐"成长"，脱离口腔期，自己放弃口腔活动。我们无须对其"快马加鞭"，或像人们常常做的那样，强迫其成熟。他会自然而然地**选择**成长，去追求更高级的快乐，自然而然地厌倦旧的乐趣。只有在遇到危险、威胁、失败、挫折或压力等时，他才会后退或停止；只有这时的他才会选择安全而非成长。当然，自我克制、延迟满足和承受挫折的能力也是必要的，我们都知道，不加节制的满足是非常危险的。但是，不可否认的是，对基本需要的充分满足是必要条件。相比这一原则，上述限定条件都是**次要**的。

那样真实且有其存在的理由。相较于儿童，他人对于成年人而言可能且应该不那么重要。

因此，最后的总结如下：

1.健康自发的儿童，自发地、由内而外地、响应自己内在的存在地、满怀好奇地、兴致勃勃地与外界接触，充分表现他所掌握的所有能力。

2.只要他未被恐惧打垮，就会感到安全，从而敢于前进。

3.在这个过程中，给他快乐体验的东西是偶然遇到的，或由帮助者提供的。

4.他必须足够安全且具备自我接纳能力，才能选择并偏爱这些快乐，而不会被它们吓倒。

5.如果他**能够自由**选择那些由快乐证实的体验，那么他会再次选择尝试这种体验，反复体验、品味、直至饱足、腻味和厌倦。

6.此时此刻，他表现出向更复杂、更丰富的体验发展的倾向，并且也的确这样做着（当然，前提是他感到足够安全，从而敢于前进）。

7.这种体验不仅意味着前进，还对自我有反馈效应，分别对确定感（"这个我喜欢；那个我**不太确定**"）、能力感、掌控、自信心和自尊产生影响。

8.生活就是一系列无休止的选择，可大概划分为安全（广义上来讲是防御）的选择和成长的选择。只有当儿童已经感到安全，不再有安全需要，我们才可以期待他做出成长的选择。只有此时，他才敢于冒险前进。

9.为了使儿童做出的选择是顺应本性的且促进其本性发展，我们应当允许儿童保留快乐和厌烦的主观体验，以此作为他做出选择所依据的标准。而如果屈就于另一标准，即按照他人的愿望进行选择，儿童会丧失自我。不仅如此，这也意味着只有"安全"可供选择，因为儿童出于恐惧（害怕失去保护和爱），会放弃对自己快乐体验标准的信任。

10.如果选择是真正自由的，而且儿童未被伤害，那他一般会选择向前发展。[1]

11.证据表明，就旁观者所认为的好的长远发展目标而言，健康的儿童喜欢且感觉良好的东西，通常对他来说也是"最好的"东西。

12.在这一过程中，尽管最终选择必须由儿童自己做出，外界环境（父母、治疗师、老师）则以不同的方式各自发挥重要作用：

a.外界环境可以满足儿童对安全、归属、爱和尊重的基本需要，可以让他感觉到不受威胁、自主的、兴致盎然的、自发的，从而使他敢于选择未知；

b.外界环境可以使对于成长的选择更有吸引力、危险性更

---

[1] 当个体试图（通过压抑、否认、反应—形成等方式）说服自己，一项实际上未被满足的基本需要已经得到满足，或这个需要根本不存在时，往往容易出现假性成长。此时，尽管个体使自己向上成长到更高级的需要层次，但从此他会一直处于根基不稳的状态。我将其称为"绕开未满足需要的假成长"。这种未满足的需要会在无意识中持续存在（反复强迫性地出现）。

低,让后退选择更无吸引力、代价更大。

13.如此一来,存在心理学和形成心理学之间的分歧得以消除,儿童只要坚持自我,就能够前进和成长。

第五章　认知需要和认知恐惧

认知畏惧和认知逃避：认知的痛苦和危险

　　从我们的角度来看，弗洛伊德最伟大的发现是：许多心理疾病产生的重要原因是恐惧认知自己——恐惧认知自己的情绪、冲动、记忆、能力、潜力和命运。我们发现，对自身认知的恐惧通常与对外界认知的恐惧同形，且二者是并行存在的。也就是说，内在问题与外在问题往往极其相似，而且两者相互关联。因此，我们在此只讨论一般意义上的认知恐惧，对畏惧认知内在自我还是畏惧认知外部世界不做严格区分。

　　通常来说，这种畏惧是一种防御性的畏惧，意在保护我们的自尊、自爱及自敬。我们往往害怕去了解那些会让我们鄙视自己、让我们感到自卑、软弱、无用、邪恶或丢脸的东西。我们通过压抑和与之相似的防御手段来保护自己、维护自己的完美形象。这本质上是在麻痹自我，在逃避令人不快的或是危险的真相。在心理治疗中，我们也会采取策略，在治疗师努力帮助我们认清事实时，我们却坚持拒绝认清令人痛苦的真相。我们将这种策略叫作

"抵抗"。事实上，治疗师的所有治疗技巧本质上都是在努力揭示真相，或是在使病人坚强，从而令其有能力接受真相。（"对自己完全诚实是个体所能取得的最大成就。"——西格蒙德·弗洛伊德）

除此之外，我们往往还会逃避另一类事实。我们不仅无法摆脱病态心理，而且还倾向于逃避个人成长。因为个人成长会引发另一种恐惧、敬畏，让人感到软弱、信心不足(31)。这就是另一种形式的抵抗：否认自己最优秀的一面，否认自己的天赋、最好的冲动、最大的潜力和创造性。简而言之，就是在抗争自身的伟大，畏惧自身的**自大**。

此处，我们可以想起我们文化中亚当和夏娃的神话，以及那棵禁止碰触的危险的知识之树。认为终极知识只能为神灵所有，这一点在其他许多文化中也都有所体现。大多数宗教都存在反智主义倾向（当然也存在很多其他倾向），它们倾向于信仰、教条、虔诚，而非知识。或者，认为**某些**形式的知识太过危险，不宜接触，最好将其禁止，或只许少数特殊人群接触。在多数文化中，那些胆敢亵渎神灵、探寻秘密的革命者会受到严厉的惩罚，以警告凡人不要妄想拥有神性。比如亚当和夏娃、普罗米修斯和俄狄浦斯。

简单来说，正是我们内心的神性使我们矛盾不已，我们既着迷于此，又感到惧怕，我们既被其激励，又将其防御。这是人类的基本困境之一：我们既为蠕虫，又为神祇(178)。我们之中每一个伟大的创造者、每一个神一样的人都已证实，在创造、建立（与旧事物相对的）新事物的孤独时刻，勇气不可或缺。此即敢为人先，独当一面，一意孤行，挑战一切。一时的恐惧是可以理解的，但若要使创造成为可能，必须将其克服。因此，发现自身的天赋自然令人狂喜，但这也意味着将要成为孤独的领袖，意味着会畏惧随之而来的危险、责任和义务。责任可能被当作沉重的负担，成为必须尽可能回避的东西。就像新任总统的感言中所说的那样，敬畏、谦逊，甚至惊惧，五味杂陈。

一些常见的临床案例可以说明不少问题。首先是女性治疗中常常遇到的现象（131）。许多杰出的女性会在无意识中将高智商与男性气质等同起来。她们觉得去探究、去调查、去好奇、去证实、去查明，诸如此类，都是非女性化行为。如果该女性的丈夫男性气质不够显著的话，女性的这种想法尤为强烈。许多文化和宗教都不允许女性学习和掌握知识，我认为这样做的动力原因之一，就是希望女性保持其"女性气质"（从施虐—受虐的角度而言）；比如说，女性不能做牧师或拉比（103）。

胆小的男人或许会认为，探索与好奇在某种程度上意味着挑战他人。不知为何，他们会认为，拥有高智商、探索真相也就意味着强势、激进，意味着会招致其他男性、年长的男性、更强的男性的愤怒。儿童也会认为探索与好奇是在冒犯他们眼中的神灵，即全能的成人的特权。当然，相对的，成人也有类似的想法，甚至更常见。成人总是觉得孩子无尽的好奇心令人厌烦，有时甚至是有威胁的、危险的。这种想法在性相关的问题上尤为常见。赞赏孩子的好奇心并享受这种好奇心的父母仍然很罕见。类似情况在被剥削者、被压迫者、弱势群体、少数群体和奴隶中也较为常见。他们可能害怕知道太多,害怕自由探索,因为这可能会惹怒他们的主人。为了自我保护而假装愚昧,这样的态度在这类群体中很常见。无论如何,出于对形势的考量,剥削者和独裁者不可能鼓励其喽啰好奇、学习或获取知识。喽啰懂得太多,就会造反。无论对于被剥削者还是剥削者来说,承认知识与乖顺、好用的奴隶都是对立的。在这种情况下,知识是危险的,且**相当**危险。弱小、从属和低自尊的状态抑制了认知需要。猴王确立统治地位的主要方式就是肆无忌惮、目不转睛地直接凝视(103);而处于从属地位的猴子则低眉顺眼、躲避猴王的目光。

令人不快的是,这种情况在教室里也时常出现。真正聪明的学生,往往是热切的提问者,是好奇的探索者,但也往往被视为威胁纪律、挑战权威的"刺头",尤其当学生比老师更聪明的时候。

在潜意识中,"知道"可能意味着支配、主导、控制,甚至蔑视。这点可以从窥淫癖患者身上得到证实。窥淫癖患者对其所偷窥的裸体女性有一种掌控感,就好像他的眼睛是实现其控制乃至强奸的工具。从这个意义上讲,许多男性都是窥淫癖患者,他们明目张胆地盯着女性看,用眼睛扒光她们的衣服。在圣经中,会用隐喻手法将"知道"一词等同于发生性关系。

在无意识的层面上,认知行为是一种入侵和刺入,类似于男性的性行为。从这个角度来看待认知行为，可以帮助我们理解一些古老情结背后的复杂情感：儿童窥视秘密和未知；某些女性纠结于选择女性气质还是大胆认知的矛盾心理；弱者将认知行为看作统治者的特权；信仰宗教的人畏惧认知，认为这是在冒犯神灵的权力范围，是危险的、招致怨恨的。认知和经历一样，都是一种对自我的肯定。

如何减少忧虑、促进成长

目前为止，我一直在从为了认知而认知的角度及知识和认知本身所带来的纯粹快乐和原始满足感的角度来谈论认知的**需要**。认知使个体变得更强大、更智慧、更丰富、更坚强、更进步、更成熟，认知意味着实现人的潜力以及实现潜力所预示的个体命运。这就好像花朵尽情地绽放、鸟儿尽情地歌唱、苹果树结出苹果一样，无须奋斗、不必努力，只是内在天性的表达。

但是我们也知道，好奇和探索是比安全"更高级"的需要，这也就意味着安全、不焦虑的需要比好奇更具优势、更强烈。这一点可以直接从猴子和人类儿童身上观察到。身处陌生环境的孩子会先紧紧抓住自己的母亲，而后才敢一点一点地放手，鼓起勇气探索世界。如果母亲消失，孩子就会感到恐惧，好奇心便会消失，直至重新感到安全。只有在背后有安全港湾时，孩子才会探索。哈洛（Harlow）所研究的猴子幼崽也是如此。它们一旦受到惊吓，就会逃回母猴的替代物身边。它们会紧紧地抱住它，先四下观察，**然后**才冒险出发。如果替代物不在，小猴子只是缩成一团，低声呜咽。这些可以在哈洛所拍摄的视频中看到。

对于忧虑和恐惧，成年人的反应则更为微妙，也更加隐晦。如果忧虑和恐惧没有完全压倒他，他往往会对其加以抑制，甚至否认它们的存在。他常常不"知道"自己在害怕。

应对忧虑的方法很多，其中包括一些认知方法。对于这样一种人而言，任何不熟悉的、认知模糊的、神秘的、隐藏的、意外的东西都是危险的。要想将它们变成熟悉的、可预料的、可处理的、可控制的，即不可怕的、无害的，方法之一就是认识并且理解它们。因此，知识也许不仅可以促进向前成长，还可以减少忧虑，保护、维持稳态。从外部看，行为也许非常相似，但是背后的动机可能截然不同。因而，主观后果也截然不同。一方面，我们会松一口气，紧张也会有所缓解，就好像半夜听到神秘可怕的声音，提心吊胆地拿着手枪下楼，却发现什么都没有一样。不过，这与学生透过显微镜首次看到肾的微观结构，或者突然理解了交响乐的结构，或是懂得了复杂诗歌或政治理论的含义时所感到的那种狂喜和启发不同。在后一种情况中，人会感到自己变得更强大、更聪明、更坚强、更充实、更有能力、更成功、理解力更强，就好像我们的感官变得更灵敏、目光更锐利、耳朵更通畅一样。这就是教育和心理治疗想要达到且**的确**常常达到的目的。

这种动机的辩证法在人类所有的学科成果中都有所体现：

例如伟大的哲学、宗教结构、政治和法律体系、各门科学,甚至整个文化。简言之,以上种种学科都是不同比例的安全需要和认知需要相调和的结果。有时,为了减轻忧虑,安全需要几乎可以完全使认知需要屈从。而没有忧虑的人会更大胆、更无畏,可以为了知识本身进行探索、建立理论。而后者显然会更接近真理,更接近事物的真实本质。出于安全需要而产生的哲学、宗教或科学比出于成长需要而产生的哲学、宗教或科学更容易走向盲目。

回避认知即回避责任

忧虑和胆怯不仅会扭曲好奇、认知和理解,使其屈从于自身的目的,即将其当作**工具,利用**它们来减轻焦虑;同时,缺乏好奇心也可以是忧虑和恐惧的积极或消极**表现**(这与因不使用好奇心而导致其萎缩有所不同)。换言之,我们可以为了减轻焦虑而探索知识,也可以为了同样的目的而逃避知识。用弗洛伊德的话来讲,缺乏好奇、学习障碍、假装愚昧等都可能是一种防御。知识和行动是紧密联系的,这一点没有异议。我的观点则更进一步,我认为知识和行动往往是同义的,甚至以苏格拉底的哲学角度来看,它们是同一的。一旦我们彻底、全面地了解了某物,与之相匹的行动就会自动地、依照本能地随之而来。如此一来,就可以不再纠结、完全自主地做出选择。但是请参照(32)。

这一点在健康人身上有高层次的体现,健康的个人似乎明白对错好坏,并在自身机能活动中轻松、充分地将其表现出来。然而这一点在幼儿(或内心仍是儿童的成人)身上又有完全不同层次的表现。对于他们来说,考虑采取行动与已经采取行动是同一的。心理分析学家将其称为"万能的思维"。这就是说,如果某人希望他的父亲死去,他可能在无意识中表现得好像他真的已经杀死了父亲一样。事实上,成人心理治疗的作用之一就是去除这种孩子气的同一性,使个体无须再为自己孩子气的想法与想象中的行为感到羞愧。

无论如何,认知和行动之间的密切联系有助于我们诠释认知恐惧产生的原因——恐惧行动、恐惧认知结果、恐惧认知带来的风险责任。通常来说,最好不要知道,因为你**一旦真的**知道了,就**必须**采取行动,而行动会给你招来麻烦。这听起来可能有点儿复杂,就像一个人说:"我真开心自己不喜欢吃牡蛎,因为如果我喜欢,就得吃它们,但是我**厌恶**这种讨厌的东西。"

对于住在达豪集中营附近的德国人来说,不知道发生什么事、盲目一些、假装愚昧是更加安全的。因为如果他们知道真相,要么必须做点儿什么,要么什么都不做,但是会为自己的懦弱感到羞愧。

对于儿童来说也是如此。他们会否认、拒绝知道那些显而易见的事情:比如他的父亲是个可鄙的懦夫,或者他的母亲并不真的爱他,等等。因为这种认知所要求的相应的行动是不可能实现的,所以还是不知为好。

总之，我们如今对忧虑和认知已经有了足够的认识，可以驳斥几个世纪以来许多哲学家和心理学理论家的极端观点——**所有**的认知需要都由忧虑激发，而且**只是**为了减少忧虑才进行认知的。这种看似合理的观点已风行多年，但如今，动物实验和儿童实验证伪了它的绝对性。实验表明，一般而言，忧虑扼杀好奇和探索的欲望，两者互不相容，尤其在极端忧虑的情况下。而认知需要在安全、无忧虑的情境中表现得最为明显。

近来出版的一本著作对这一点进行了很好的概括：

"信仰体系的美妙之处在于其结构可以同时为两个目的服务：一个是尽可能地理解世界，一个是尽所需地防御世界。有些观点认为，人们选择性地歪曲自己的认知功能，只看他们想要看到的，记住他们想要记住的，思考他们愿意思考的。我们反对这个观点。我们认为，人们只有在万不得已的情况下才会这样做，仅此而已。因为所有人都被时强时弱的愿望所激励，想要去认识真正的现实，即便真相会使人受伤(146, p.400)。

总 结

显然，如果我们理解正确的话，认知需要一定与认知恐惧、忧虑以及安全需要等互为一体。总结可得，恐惧和勇气之间是辩证的关系，它们既相互融合，又相互斗争。所有会增加恐惧的心理和社会因素,都会削弱我们的认知冲动;所有包容勇气、自由和胆量的因素,都会激发我们的认知需要。

第三编
成长和认知

第六章　高峰体验中的存在性认知

我同约80名采访对象单独谈话，并邀请190名大学生据如下指示做出了书面回答。本章和下一章中的结论，便是对以上调查的简要概括，也是凭印象制成的理想"合成照片"。

"请回忆一下你生命中最奇妙的经历，那些欣喜若狂、不能自已的时刻，或许是因为恋爱，或许是因为听音乐，或许是突然为某本书、某幅画所'触动'，也可能是某个伟大的创造性时刻。先罗列下来，然后试着告诉我，在这些时刻你感觉如何？与其他时刻的感觉**有何不同**？在这些时刻，你是否在某种意义上成了一个完全不同的人？（针对其他调查对象的问题是，世界看起来有何不同。）"

单独分析任一调查对象的反馈，都无法反映全部的症状。我把所有这些不完整的反馈汇总起来，以得到一个"完整"的综合症状。另外，大约有50人在读过我之前发表的论文后，主动给我写信，提供个人的高峰体验反馈。最后，我还参考了大量有关神秘主义、宗教、艺术、创造性、爱等方面的文献。

自我实现者已经实现了高层次的成熟、健康和自我完善。对我们来说，他们几乎像是一个完全不同的物种，可以给我们很多启发。但是，探索人性的高度及其终极的可能性和抱负，是一项全新的任务，因此会非常艰难、曲折。这意味着要不断地颠覆我所珍视的公理，不断地解决似是而非的矛盾和悖论，还要不时面对长期以来坚信不疑、貌似不容置疑的心理学定理的崩溃。结果常常表明，这些并不是定理，而是在慢性轻微病态心理和恐惧下，以及发育不全、残缺、不成熟的状态下所养成的习惯性思维。只是因为大多数人都有同样的病症，所以从前没有引起我们的注意。

在科学理论的历史上，最为常见的情况是，最开始，在得到科学答案之前，探索未知往往表现在对长久的缺失感到不满和不安。比如说，在研究自我实现者时，我最先遇到的问题之一，就是模糊地意识到自我实现者的动机生活与我过去的知识迥然不同。最初，我将他们的动机描述为"表现性的"（expressive）而非"应付性的"（coping），但是从整体的表述来看，这样说并不完全正确。之后，我又提出，自我实现者的动机生活是非激励的或超激励的（超越奋斗的），而非受到激励的，但是这种表述实际上严重依赖于个人认同的动机理论，以致这种表述所造成的困惑和它带来的便利一样多。在第三章里，我曾将成长性动机与匮乏性动机进行对比。这有助于厘清现状，但由于这种对比未能将存在（Being）和形成（Becoming）彻底区分开来，因此仍然没有得出最终的结论。在本章中，我将针对存在心理学提出一种新思路，它对上述三次尝试进行了归纳概括，以求将充分发展的人和多数其他人在动机生活和认知生活方面存在的区别加以论述。

对存在状态（暂时的、超激励的、非奋斗的、不以自我为中心的、无目的的、自我证实的、目标性体验、完美状态和目标达到状态）的分析，首先来自自我实现者的爱的关系研究，其次是其他人的爱的关系研究。再次，我也参考了神学、美学和哲学等相关文献。正如第三章中所指出的，首要任务是区分两种类型的爱（匮乏爱和存在爱）。

我在存在爱（对其他人或物的存在）的状态中发现了一种特殊的认知类型，我的心理学知识储备不足以使我对其加以分析，但是一些美学家、宗教学家和哲学家对此有过精彩的论述。我将这种认知称为存在性认知，可缩写为B-认知。存在性认知与个人在匮乏性需要主导下的认知相对存在，我将后者称为匮乏性认知，即D-认知。存在爱者能从所爱对象身上发现其他人视而不见的事实，换句话说，存在爱者的认知力更敏感、更深刻。

本章试图以一种独特的描述方式来概括描述存在爱体验中的一些基本认知事件，例如育儿体验、神秘体验、海洋的或自然的体验、审美认知、创造性时刻、领悟疗法、智力的洞察力、性高潮体验、特定运动完成形式。我将以上及其他所有终极快乐与成功的时刻称为高峰体验（peak-experiences）。

本章着眼于"积极心理学"或"正向心理学"（orthopsychology）的未来发展。其论述对象也包括全面发展的健康人，而不只局限于一般意义上的病人。因此，本章内容与"一般人的精神病理"心理学并不冲突,相反,本章所述内容是对后者的超越。从理论上来说,本章更加概括、全面地涵盖了后者的所有成果。本章涉及了病人、健康人,以及匮乏、形成和存在。我之所以将之称为存在心理学,是因为它所注重的是目的而非手段。也就是说,存在心理学的重点在于目的性体验、目的性价值、目的性认知及作为目的的人。当代心理学多数研究缺少而非拥有,研究奋斗而非完成,研究挫折而非满足,研究寻找快乐而非已获得的快乐,研究试图到达某处而非已存在该处。这种思维之所以是错误的,在于其公认所有行为都是动机激励的这一先验公理(97,请见第十五章)。

高峰体验中的B-认知

在此,我将从最广义的"认知"出发,逐一简要说明从一般高峰体验中总结出来的认知特征。

1.在存在性认知中,对客体的体验经常被视作一个整体,一个完整的单位,脱离其联系、可能的用途、便利和目的,自成一体。它看起来就像宇宙中所存在的一切,就好像它就是和宇宙同义的全部存在。

这与匮乏性认知相反,后者包括大多数人类的认知体验,这些体验是部分的、不完整的,下面将对此进行解释。

此处,我们可以参考19世纪的绝对唯心主义,它认为整个宇宙是一个整体。这个统一体永远不可能被有限的个体所概括、认知或认识，因此一切现实的人类认知，必然只是存在的**一部分**，而不能期待是其整体。

2. 在存在性认知中，认知对象得到唯一且完全的关注。我们将其称为"全然关注"，详见沙赫特尔的文章（147）。这与迷恋或全神贯注极其相似。在这种关注之下，认知对象得到了**全部**的注意力，背景实际上已经消失，至少没有得到很多关注。就好像此时此刻，整个世界都被遗忘了，认知对象被完全孤立于其他之外，暂时成为整个存在。

由于整个存在正在被认知，所以它所包含的一切规律都会被掌握，如果整个宇宙能够同时被包含的话。

这种认知与常规的认知形成鲜明的对比。在"全然关注"中，不仅认知对象获得了全部的关注，与之相关的一切都是如此；它与世界其他事物有千丝万缕的联系，被视为世界的**一部分**。常规知觉"对象—背景"关系是有效的，也就是说，背景和知觉对象都受到了关注，尽管方式有所不同。此外，在一般认知中，对象不被当作其本身来看待，而是被当作一个大类的某个成员，或是一个较大范畴中的某个例子来看。我把这种认知称为"标签化"（rubricizing，97，第十四章）。另外还要指出，这种常规知觉是不完整的，并没有认知到人或物的所有方面。这种常规知觉其实是为了将认知对象放进这个或那个文件柜，将其归类、贴标签。

为了使日常认知达到更高的层次，就要在一个连续统一体上进行认知，这个统一体包括自动比较、判断或评价，意味着高于、少于、好于或大于，等等。

存在性认知则可以被称为"不比较的认知"或者"不判断的认知"。在这里我所指的是，桃乐西·李（88）所描述的那种与我们不同的某种原始人的认知方式。

一个人可以被当作他本身来看，可以在自身中看到自身，也可以通过自身来看自身。他可以用一种独特的方式来看自己，就好像他自己可以自成一类。这就是我们所说的，独特地认知独特的个体。当然，这是所有临床医生都希望达到的层次。但这项任务十分艰巨，其困难程度远远超过了我们日常所能承受的。然而，它是**可能**发生的，哪怕只是暂时的。而且，它在高峰体验中也**的确会**发生，它是高峰体验的一个典型特征。一位健康的母亲充满爱意地认知她的孩子，就比较接近于这种对个体独特性的认知。她的孩子完全不同于世界上的任何其他人，他不同寻常、完美无缺、令人着迷（至少，她能够不按照格塞尔发展常模来评价自己的孩子，并且不拿他和邻居的孩子做对比）。

对整个对象的具体认知还意味着，要带着"关怀"去看待它。反过来说，"关怀的"（126）对象会引起主体对它的持续注意，而对认知对象的各个方面进行反复审视也是必要的，就好像母亲一遍又一遍地凝视她的孩子，恋爱中的人凝视他的爱人，鉴赏家凝视他的画。这种细致入微的关切，必然比那些漫不经心地一瞥便随意给认知对象贴上标签更合理、更能产生完整的认知。

通过这种全神贯注、专心致志的认知，我们有望获得细节丰富的知觉，从而对客体有多方面的了解。这种认知与不经意的观察形成鲜明对比。后者只能提供初步经验，在后一种认知状态下，主体只是从"不重要"和"重要"的角度出发，选择性地看到客体的某个方面（而对于一幅画、一个婴儿或一个恋人来说，哪里有"不重要"的部分呢）。

3.在某种程度上，人的所有认知都是人的产物，而且在一定程度上是他的创造。尽管如此，**在认知主体将外部对象认知为有关自身还是无关自身之间**，我们仍然可以发现一些区别。自我实现者通常能更好地认知世界，就好像世界不仅独立于他们，也独立于人类整体而存在。对处于最高状态，也就是高峰体验时刻的普通人来说，也是如此。这时，他更容易把自然看作是一种自在的和自为的自然，而不是作为人的活动场所。他更容易使自己不带有人的目的去认知自然。简而言之，他能够按照认知对象的自我存在［"终极性"（endness）］去看待它，而不是出于认知对象的有用性或对它的惧怕去看待它，也不是按照其他人的方式来对其做出反应。

以显微镜为例：在显微镜的载玻片下，世界本身既美好，又充满威胁、危险和疾病。透过显微镜观察癌细胞切片时，只要忘记它是癌细胞，它就可以被看作是美丽、复杂和神奇的组织。如果把蚊子看作认知的目的本身，那么它就是一个奇妙、美丽的客体。在电子显微镜下，病毒也是一种令人着迷的客体（至少它们**可**

以是令人着迷的，只要我们忘掉它们与人类的关系）。

存在性认知使得事物与人无关变得更有可能，因此，这种认知可以使我们更真实地从事物本身的角度去看待它。

4.我在现阶段的研究中逐渐发现了存在性认知和普通认知之间的一个差异，但目前还不完全确定。这个差异就是，**重复的存在性认知似乎能使知觉更丰富**。我们反复审视、不断体验并着迷于我们喜爱的一张脸或一幅画，会使得我们更喜欢它们，也使得我们可以通过不同的感官看到更多的细节。这种现象可以被称作"对象内在的充实"（intra-object richness）。

但是，我们需要将重复的存在性认知与普通的重复体验区别开来。后者往往意味着厌倦、熟悉效应和注意力丧失等。我满意地发现（尽管我并不打算证实它），反复陈列我认为的好的画作，会让那些预先选好的有感知力和理解力的人觉得这些画**更美**；然而，反复陈列我认为不好的画作，会使它们看起来**更加**令人生厌。欣赏女性也是如此。

在这种较为普通的认知中，最初的认知往往只意味着将事物归类为有用和无用，安全和危险。重复观察只会使它们变得更加空洞。普通认知往往是基于焦虑的，或者被匮乏性动机所支配，这种认知任务第一次被看到时就已完成。接着，这种认知需要就此消失。然后，已被划分好类别的人或物便彻底不会被再次认知。重复体验时，认知就会变得贫乏。充实也是如此。此外，重复观察不只会造成认知对象的贫乏，还使认知主体变得贫乏。

与不爱相比，爱能使主体对所爱对象的内在本质产生一种深刻的认知，这里所运用的主要机制是，爱包含对所爱对象的迷恋，因此，认知主体会带着"关怀"去重复审视、关注和观察所爱对象。相爱的人可以彼此看到对方的潜力，而他人却看不出来。我们常常说"爱情使人盲目"，但我们必须承认存在这样一种可能性：在某些条件下，爱比不爱可能使人更具有知觉力。当然，这意味着在某种意义上，认知主体能够察觉尚未变为现实的潜在可能性。要解决这个问题，并不像听起来那样困难。相关领域的专家所使用的罗夏测验（Rorschach Test）就是用来检验尚未实现的潜在可能性的。原则上来说，这是一种可检验的假设。

5.美国心理学，或者更广泛地说，西方心理学，往往以一种我认为是种族中心主义的方式假定人的需要、恐惧和兴趣始终是知觉的决定因素。知觉的"新观点"建立在"唯有激发，才有认知"的假设上，这也是古典弗洛伊德主义的观点。(137)。进一步的假设表明，认知是一种应付性的工具机制，而且，认知在某种程度上一定是以自我为中心的。这种观点假设：认知主体之所以看到事物，**只是**兴趣使然，而经验必然围绕自我这个中心点和决定点才能得以建立起来。

我之所以认为这种观点具有种族中心主义倾向，是因为它无意识地彰显了西方世界观。不仅如此，从中我们还可以看到，东方国家尤其是中国、日本和印度的哲学家、神学家和心理学家的学术成果长期被忽视，更别提戈尔茨坦、墨菲、夏洛特·布勒、赫胥黎、索罗金(Sorokin)、瓦特(Watts)、诺思罗普(Northrop)安吉亚尔和其他许多学者。

我的发现表明,相对而言,在自我实现者的正常认知和普通人偶尔出现的高峰体验中,认知可能是**超越自我的、忘我的、无我的**;可能是非激励的、非个人的、无欲求的、无私的、**无需要的**、超然的;可能是以客体而不是自我为中心的。这就是说,认知经验能够以客体为中心点,而非以自我为基础建立起来。就好像这些主体在认知某种独立的现实,而这些现实并不依赖于观察主体而存在。在审美体验或爱的体验中,认知主体可能会全神贯注、全身心地"投入"到客体身上。此时,在真正意义上,自我消失了。以索罗金为代表的一些学者,在谈到美学、神秘主义、母性和爱时,甚至认为我们在高峰体验中已经达到一种认知主体和认知客体的同一。此刻,二者合二为一,形成了一个全新的、更大的整体,一个更高级的单位。由此,使我想起了关于移情和认同的一些理论。当然,这也表明,这个方向的研究将大有可为。

6.**在高峰体验中,人们感到此时正是自我证实、自我评判的时刻**。高峰体验为自我找到了内在价值。这就是说,高峰体验本身就是目的,我们可以将它称作目的性体验,而非手段性体验。这种体验被认为是一种宝贵的体验,是一种重大的启示。这种体验无法被证实,而尝试证实这个行为本身也会贬损它的尊严和价值。这一点在我的研究对象向我反馈爱的体验、神秘体验、审美体验、创造性体验和顿悟体验时,得到了广泛的证实。而且,在治疗环境下的顿悟时刻，这一点尤为明显。由于人们往往会保护自己，避免出现顿悟状态，因此，要接受顿悟，本质上是痛苦的。它突然闯入意识，有时会对人造成冲击。尽管如此，普遍而言，顿悟仍是一种值得的、人们希望得到的体验。看见比看不见更好（172），即便看见使人痛苦。在这种情况下，体验具有自我证实性与自我辩护性，正是它们使痛苦变得有意义。许多学者在论及美学、宗教、创造性和爱时，都一致认为，这些体验不仅具有内在价值，还具有其他价值——它们的偶尔出现赋予生活以意义。神秘主义者一直坚信，美好的神秘体验具有非同凡响的价值，这种体验可能一生只会有两三次。

这种高峰体验与生活中的普通体验对比鲜明，这点在西方学界尤为如此，在美国心理学界更得到了广泛认同。行为与达到目的的手段具有一致性，所以许多学者把"行为"这个词看成是"工具性行为"的同义词。每完成一个任务都是为了实现一个更长远的目标，**为了**在其他方面有所作为。在约翰·杜威的价值理论（38a）中，这种倾向表现到了极致。他认为，目的并不存在，只存在达到目的的手段。这样的表述还是不够准确，因为它仍然暗示着目的的存在。更确切地来说，杜威认为，手段是达到其他手段的手段，从而也变成手段，如此循环往复。

对于我的研究对象来说，拥有纯真、快乐的高峰体验是他们的终极生活目标，也是他们对生活的终极证实和终极辩护。而心理学家竟然绕过它们，甚至公然无视它们的存在。更为糟糕且不可思议的是，客观主义心理学先验地否定了它作为科学研究对象而存在的可能性。

7.在我研究过的所有普通的高峰体验中，存在一种非常典型的时间与空间的错位。准确来说，在这些时刻，人在主观上置身于时空之外。在创作的狂热时刻，诗人或艺术家忘却了四周的一切，也忘却了时间的流逝。待他清醒过来，他根本无法判断究竟过去了多久。他常常不得不摇摇头，仿佛刚刚从恍惚中苏醒，还不知身在何处。

不仅如此，更多的研究对象反馈说，他们完全失去了时间概念，恋人们更是如此。有时，他们爱得神魂颠倒，时间以惊人的速度飞快流逝，一天就像一分钟一样过去；也有时，在某一分钟里，他们爱得如此充实和激烈，以至于就像过去了一天甚至一年。在某种程度上，他们好像生活在另一个世界，在那里，时间已停滞不动，但同时又在飞快流逝。对于一般的时间概念而言，这无疑是一种矛盾和悖论。然而，我的研究对象的确是这样反馈的。因此，我们必须重视这个事实。我认为，我们不能认定这种时间的体验一定经不起实验的检验。在高峰体验中，对时间流逝的判断必然是很不准确的。同样，相对于平常来说，高峰体验中的人对周围空间的感知也必然不够准确。

8.就价值心理学的角度而言，我的研究结果令人费解，但又具有一致性。因此，不仅要将其记录下来，还要试着将其诠释。先从高峰体验的结果开始说起吧。**高峰体验一定是好的、令人渴**

望的，永不会是坏的、令人讨厌的。高峰体验具有内在合法性，这种体验完美且完整，不需要任何其他东西做补充。其本身就已足够。可以感受到，它在本质上是必要的和必然发生的。它的确是好的，也**本该**是好的。人们对其感到敬畏、惊奇、诧异、谦卑，甚至崇敬、欣喜和虔诚。有时，"神圣"这个词会被用来描述人在高峰体验中的反应。在存在的意义上，高峰体验是令人愉快的、"有趣的"。

这里也蕴含着深刻的哲学含义。为了方便讨论，先假定我们承认这样一个观点：在高峰体验中，**可以**更清楚地看到现实本身的性质，并且能更深刻地看透现实的本质。这样一来，就和许多哲学家和神学家的说法几乎一样了。他们断言，整个存在是纯粹中性的或善的，而邪恶、痛苦或威胁只是一种局部现象，是认知主体没有把世界看成一个统一的整体、以自我为中心的产物。

我们也可以将高峰体验与许多宗教中的"神"的概念的其中一个方面进行比较。"神"凝视和包容整个存在，因此，神会理解整个存在，且必然将存在看作是善的、公正的和必然的，把"邪恶"看作是有限的、自私的看法的产物。如果我们可以像神这样，普遍地理解所有存在，我们就不会责怪、谴责、失望或震惊了。面对他人的缺点，我们只会怜悯、宽容和善意，或许还会有些悲伤和存在性幽默的情绪。但是，这正是自我实现者对外界做出的反应，也是我们**所有**普通人处于高峰体验时的反应。这也是所有心理治疗师**力求**对患者做出的反应。当然，我们必须承认，这种神一般的、宽容一切的、存在性幽默的和存在性接受的态度很难做到，甚至是不可能完全做到的。不过我们也知道，这是一个相对的问题。我们可以尽可能地接近这种状态，而不能因为其罕见、难以抵达，就粗暴地对其加以否定。虽然我们永远不能成为神，但我们可以或多或少，或频繁或偶尔地拥有神性。

总之，与日常经验相比，人们在高峰体验中的认知和反应完全不同。日常认知以手段—价值模式为支撑，例如用处、渴望度、利与弊、是否有助于达成目标。我们进行评估、控制、判断、谴责或赞同。我们因什么而发笑，而非与什么一起发笑。我们从个人角度对经验做出反应，根据自我和自我的目的来认知世界。在我们眼里，世界仅仅是达成个人目的的手段。这同超然于世的观点是对立的：这意味着我们并未真正地认知世界，我们只是在认知处于世界中的自我，或处于自我中的世界。此时，推动我们去认知的是匮乏性动机，因而我们所能认知到的，也只有匮乏性价值。而在高峰体验中，我们认知的是整个世界，或者说我们将世界的某一部分视为了整个世界。此刻，也唯有此刻，我们所认知的才是世界的价值，而非我们自己的价值。我把这些价值称为存在性价值，即B-价值，它与罗伯特·哈特曼的"内在价值"(59)类似。

目前为止，我能列举出的存在性价值有：

（1）完整（统一性、整合性、趋同性、互联性、简单、组织性、结构性、超越二分法、秩序）；

（2）完善（必要性、恰当性、合理性、必然性、适宜性、正当性、完整性、"应然"）；

（3）完成（结束、终结、裁决、"已完成"、实现、**到达终端**、命运、天数）；

（4）正当（公平、有序、合法、"应然"）；

（5）活力（过程性、不死性、自发性、自我调节、全速运转）；

（6）丰富性（差异化、复杂性、精细化）；

（7）简单性（诚实、坦率、本质性、抽象性、本质、骨骼）；

（8）美（正直、形态、活力、简单性、丰富性、完整、完美、完成、独特性、诚实）；

（9）善（正直、合乎需要、应然、公正、仁慈、诚实）；

（10）独特性（特质、个性、无可比性、新奇）；

（11）不费力（轻松，没有压力，不用努力或没有困难，优雅，完美，自如）；

（12）趣味性（乐趣、愉悦、幽默、喜悦、诙谐、热情洋溢、毫不费力）；

（13）真实、诚实、现实（坦率、单纯、丰富、应然、美、纯洁、干净、纯粹、完整、实质性）；

（14）自给自足（自主性、独立性、不需要外在物的自我、自我决定、超越环境、分离、按自身规律生活）。

显然，以上存在性价值**并不**互相矛盾。它们不是独立存在的，也不是截然不同的，而是相互重叠或交融在一起。它们最终各自构成存在的**各个侧面**，而非简单地**组成**存在。每个不同的侧面都会在我们的认知中浮现，只看我们用何种手段将其揭示。比如说，认知美丽的人或画，体验完美的性或爱、顿悟、创造、分娩，等等。

此外，在这种状态下，传统的、三位一体的真、善、美，得以融合为一个统一体。不仅如此，存在性价值的概念还要更广泛。我曾在别的地方总结过我的研究发现（97）：在我们的文化中，在普通人身上，真、善、美只是勉强地相互关联着，而对于精神病患者来说，即便是这种勉强的关联也很难实现。只有在高度发展的、成熟的、自我实现的、充分发挥功能的人身上，真善美才会出于实用性目的形成高度关联。这时，可以说它们已融合成一个统一体。在本章中，我想对我之前的结论再做出一点补充：处于高峰体验中的普通人也会出现这种情况。

如果我所补充的这一点是正确的，它将与一个基本公理相互矛盾。而这个公理是一切科学理论的指导思想。该公理是：认知越客观，越不受个体的影响，也就越超然于价值。我们总是将事实和价值视为一对反义词，认为这两者是互相排斥的。其实，可能恰恰相反：最超然于自我、最客观、最无动机、最被动的认知，往往要求直接地认知价值，而价值不能从现实中割裂出来，对"事实"的深刻认知将导致"实然"和"应然"合二为一。此时，事实将被染上惊奇、赞赏、敬畏和认可的色彩，即染上价值色彩。[1]

1.对此我没有进行过研究，我的研究对象也没有主动向我反馈过被称

9.普通体验深嵌于历史和文化中,也深嵌于不断转变、具有相对性的人的需要中。它按照时间和空间串联起来。普通体验是一个更大整体的组成部分,因此,对这些更大的整体和参照系来说,它是相对存在的。它依附于人而存在,随着人的情况变化而变化。所以,一旦人消失了,**普通体验**也会随之消失。它的参照系依据人的兴趣、人对外界的需求以及时间和空间的变化而变化。可以这样说,普通体验和日常行为具有相对性。

从这个角度来讲,高峰体验更具绝对性,而少有相对性。上面已经说过,高峰体验使人不再有时间感和空间感;它超然独立,倾向于感知自身;相对来说,它是非激励的,超越人的私利的。不仅如此,处于高峰体验时,认知主体对体验的认知和反应,就好像体验存在于体验自身中、存在于主体"之外的某处";仿佛有一种独立于人而存在、超越人的存在的存在,而主体正在认知此存在。我固然明白,要想科学地谈论某物的相对性和绝对性,是非常困难且危险的。遑论此处还有一个语义陷阱。然而,的确有多名研究对象向我反馈了如上所述的差异,因此,我必须将它们在此如实记录。作为心理学家,我们最终不得不接受这种表述。而"绝对性"和"相对性",都是**研究对象**试图描述这种难以表述的体验时自创的用词。

其实心理学家也经常被这些措辞所吸引。举个艺术相关的

为"最低点体验"的东西。比如说,(某些人会)痛苦地顿悟到个体无法逃避以下事情:生老病死、孤独、个体责任,自然的冷漠、无人性,无意识的本质,等等。

例子，一个中国花瓶本身可能是完美的，它同时可能是两千年前的文物，但至今仍然很新；它可能是世界的，而不仅仅是中国的。在这些意义上，它是绝对的；尽管就时间、文化起源和持有者的审美标准而言，它可能是相对的。在各种宗教、各个时代和各种文化里，人们都用几乎同样的词语描述过神秘体验，这必然有其原因。怪不得赫胥黎（68a）把神秘体验研究称为"长青哲学"。尽管那些伟大的创造者，比如那些被吉塞林（B. Ghiselin, 54a）编入选集的人身份各异，有诗人、哲学家，也有雕刻家、化学家和数学家，但他们几乎都用过同样的词语来描述他们的创造性时刻。

在一定程度上，绝对这个概念之所以难以理解，是因为我们总将其与"静止""一成不变"相联系。然而，就我的研究对象的体验来看，这种静止的观点并不必要，也不必然。认知一个审美客体、一张心爱的脸或一个精彩的理论，是一个波动的、变化的过程，但注意力的起伏被严格控制在认知**范围之内**。认知客体可以是无限丰富的，认知主体可以从一个侧面转移到另一个侧面，持续地对其凝视。此刻，主体专注于客体的这个方面，下一刻，就会专注于另一个方面。杰出的画作必然有多个结构，而非只有一个。因此，认知主体可以从不同的结构和角度持续地对其进行审美体验，也就能持续地体验波动的快乐。这幅画在某个时刻可以被视为是相对的，在其他时刻也可以被视为是绝对的。我们没必要纠结于绝对性和相对性，因为两者兼而有之。

10.普通的认知过程往往非常活跃。它本质上是认知主体的一种塑造和选择。主体选择认知什么、不认知什么,主体将认知对象与他的需要、恐惧和兴趣联系起来,对其进行组织、安排和再安排。总之,他忙得不亦乐乎。认知是一个消耗能量的过程,人们在认知时会感到警觉、警惕、紧张。因此,认知容易令人疲倦。

相较于积极认知,存在性认知更为被动,接受力也更强。当然,它不可能永远完全如此。关于这种"被动"认知,东方哲学对此有精彩的论述,尤其是老子和道家哲学。克里希那穆提(85)的一个说法可以说明我的观点——"无选择的觉知"。我们也可以将其称为"无欲望的觉知"。道家所讲的"顺其自然",也与我的观点不谋而合。也就是说,这种知觉可能是无所求的,而非有所求的;是沉思的,而非强求的。在经验面前,这种认知是谦逊的、互不干扰的,其倾向于接受而不是施加,任由认知客体自然存在。说到这里,我想起了弗洛伊德的一个说法:自由漂浮的注意力。这个说法所强调的,是被动的,而非主动的;是无自我,而不是以自我为中心;是不设防的,而非警惕的;是耐心的,而非焦躁的。它强调的是凝视,而不是看,不是向经验屈从。

约翰·施莱恩(John Shlien, 155)最近(1956年)提出了有关被动倾听和主动用力倾听之间的差别。这对我们也很有启发。优秀的心理治疗师必须以接受而不是施加的方式来倾听。唯有如此,他才能听到人们真正想要表达的东西。否则,他听到的只能是他希望或要求听到的东西。他必须不对自己施加影响,而是任由患者的话缓缓流淌进他的耳朵。唯有如此,他才能彻底理解患者的情况。否则，他听到的只能是他自己的理论和期许。

事实上我们可以说，是否有能力以接受的、被动的态度面对患者，对任何学派来说都是评判心理治疗师好坏的标准。好的心理治疗师能根据每一个人的真实情况，以崭新的心态去认知他们，而不会急于将人分类、标签化、分级、分组。二流的心理治疗师即便有一百年的临床实践经验，也不过是在重复其刚入行时学到的理论。从这个意义上来说，我们也可以看出，一个治疗师可以把同一个错误不断重复40年，同时还美其名曰"丰富的临床经验"。

对于这种独特的存在认知感，还有一种迥然不同但同样古老的表达方式：像D. H. 劳伦斯和其他浪漫主义者那样，将它称为非自愿的而不是自愿的。日常认知是高度自发的，因此是有所求的、预先安排的、先入为主的。在高峰体验的认知中，意志不会形成干扰，而是处于搁置状态。它只接受，不要求。我们无法控制高峰体验。它只是偶然发生在我们身上。

11.高峰体验时的情绪反应有惊奇、敬畏、崇敬、谦卑和让步等，就好像身处某种伟大事物面前。有时候，还会因为不能自已而产生恐惧（虽然是快乐的恐惧）。我的研究对象对此是这么表述的："我受不了了。""这超过了我的承受范围。""真是太不可思议了。"它可能是辛酸和尖锐的，会带来欢笑，也可能带来眼泪，或者二者兼而有之。尽管听起来很矛盾，但它可能与痛苦相似。这是一种人们所渴望的痛苦，我们往往说这种痛苦是"甜蜜"的。

另外，它会让我们产生一种想要去死的奇怪想法。我的研究对象以及其他讨论各种高峰体验的学者都把高峰体验与死亡（对死亡的渴望）体验进行比较。他们往往说："这太不可思议了。我不知道要如何承受。我可以现在就死，死了也没关系。"在一定程度上，这或许是想紧紧抓住这种高峰体验，不想从高峰上跌下来，落进日常存在的谷里。在一定程度上，这或许也是高峰体验中所感到的谦卑、渺小、毫无价值等强烈感受的另一种表现形式。

12.还有另外一个很难厘清的矛盾需要讨论。在关于认知世界的反馈中，我发现：**在某些反馈中，特别是关于神秘体验、宗教体验或哲学体验的反馈中，整个世界被视为一个整体，一个单一的存在，丰富且鲜活。而在其他高峰体验中，特别是在爱情体验和审美体验中，人们所认知的只有世界的很小一部分，仿佛在当下它就是整个世界**。在这两种情况中，我们最终所认知的都是整体。也许，之所以我们对一幅画、一个人或一个理论的存在性认知保留了整体存在的所有特征，即存在价值，是因为在我们认知它们时，我们将其作为当下所存在的全部事物来认知。

13.在抽象和类别化的认知，以及对具体、原始和特殊事物的新鲜认知之间，存在着巨大的差异（56）。这就是我使用抽象与具体等措辞的意义所在。此处与戈尔茨坦所说的抽象和具体基本相似。我们的大多数认知（倾听、知觉、记忆、思考、学习）都是抽象的，而不是具体的。也就是说，在我们的认知生活中，我们大多数时间都在进行分类、系统化、分级和抽象。我们并没有像建构自己的内在世界观那样，按照世界实际的样子去认知它的本质。就像沙赫特尔（147）在其经典文章《童年失忆症和记忆问题》中所阐述的那样，大多数体验都被我们的分类、构建和标签化系统过滤掉了。研究自我实现者，使我发现了这一点上的差异：**在自我实现者身上，我同时发现了不会忽略具体的注重抽象的能力，以及不会忽略抽象的注意具体的能力。**这对戈尔茨坦的论述是一个补充，因为我不仅发现了对具体的缩减，还发现了可以称为对抽象的缩减，即认知具体事物的能力有所降低。从这以后，我屡次在优秀的艺术家和临床医生身上发现这种认知具体的特殊能力，尽管他们并没有达到自我实现。最近我发现，处于高峰时刻的普通人也拥有这样的能力。他们更能抓住认知对象具体、特殊的本质。

和诺思罗普（127a）的例子一样，我们通常将这种独特的知觉表述为审美认知的核心，因而这两者几乎成了同义词。对大多数哲学家和艺术家来说，具体地感知一个人、认知一个人的内在特殊性，也就是审美地知觉他。我更青睐前者这种更广义的用法。另外，上文已经说过，这种对目标独特本性的知觉是**所有**高峰体验的特点，而不只是美学相关的高峰体验的特点。

我们可以将存在性认知中的具体认知，理解为"同时或者迅速而连续地知觉认知对象的各个方面和特点。从本质上来说，抽象是对认知对象特定方面的选择，选择那些对我们有用的方面，对我们有威胁的方面，我们熟悉的方面，或者是匹配我们语言范畴的方面。怀特海德（Whitehead, 303, 304）和博格森（Bergson）将这一点论述得极为清楚，继维万蒂（Vivanti）之后，也有很多哲学家对此进行了详尽的表述。我们越为了有用去抽象地认知，这种抽象认知也就越虚伪。总而言之，抽象地认知一个目标，意味着**不要**去认知某些方面。这很明显表示选择一些特点，忽略其他特点，创造或扭曲其余的特点。我们把它变成我们希望的那样。我们对其进行创造，我们制造它。此外，有一点极其重要，即抽象中有一种强大的力量，可以把认知对象的各个方面与我们的语言系统联系在一起。这会导致一些特别的问题，因为从弗洛伊德的理论角度来说，语言是次级过程而非原初过程，因为其应对的是外部现实而不是精神现实，应对的是有意识而不是无意识。诚然，在诗歌或狂热呓语中，语言的这种缺陷在一定程度上可以被矫正。但是归根到底，很多经验都是难以表述的，无法用任何语言来表达。

我们用对一幅画或一个人的认知来举例说明。为了充分认知人或画，我们必须克制将其分类、比较、评价、需要和使用的倾向。如果我们说一个人是外国人，在我们说出这句话的那一刻，就已经将他进行了分类，完成了一次抽象动作。在某种意义上，这样做让我们无法看到此人作为一个独特的、整体的个体的存在，无法看到此人与世界上其他人的区别。当我们走近挂在墙上的画，读出艺术家的名字的那一刻，我们就失去了按照这幅画的自身独特性，以完全崭新的眼光看它的可能性。那么，在一定程度上，我们所谓的"**了解**",不过是把一段经验放入概念、语言或关系的体系中。如此,我们将不可能进行全面认知。赫伯特·里德(Herbert Read)曾指出,孩子有"纯真之眼",他们有一种能力,让他们不管看到什么,都好像是第一次看到(通常确实也是第一次看到)。孩子会充满惊奇地看着它,审视这个东西的各个方面,了解其所有特点。因为在这种情况下,对这个孩子来说,这个陌生物体的任一特点都不会比其他特点更重要。孩子不会对其进行组织,他只是凝视它。他细啜这段新的经验,就像坎特里尔(Cantril, 28, 29)和墨菲(122, 124)所描述的那样。在类似的情况下,成年人越是克制自己将其抽象、命名、设置、比较、联系的冲动,对于人或画的多面性就能看到越多。我尤其要强调认知不可言喻之事物的能力。如果将其诉诸语言,就会改变它,使其有别于自身,变成一个**类似**于自身却不同于**自身**的他物。

超脱于部分来知觉整体的能力,是高峰体验时的知觉特点。只有这样,我们才能就"人"这个字眼最完整的意义去了解一个人。所以,难怪自我实现者能更为机敏地认知他人,更为精明地了解他人的本质或本性。正因为如此,我确信,理想的心理治疗师,出于专业需要,应该有能力在没有预先设定的情况下理解一个个体的独特性和完整性。为此,心理治疗师本身至少应当是健康的。我坚信这一点,但我也承认,在这种洞察力中有未解的个体差异。另外我也承认,在积累治疗经验的过程中,治疗师也可以得到训练,学习如何知觉他人的存在。同时,这也解释了我为什么会认为：我们应该在临床训练中增加审美知觉和审美创造训练。

14.在人类成熟的较高层级中，很多分歧、两极分化和冲突都被融合了、超越了或消除了。自我实现者既是自私的也是无私的；既是非理性的酒神也是井然有序的阿波罗神；既是个人的也是社会的；既是理性的也是感性的；既与他人融合，也与他人分离。我曾设想过的那个直线连续体（straight-line continua）的两极是彼此相反、背道而驰的。现在看来，这个连续体更应该是圆形或螺旋形，其两极交织在一起，融合为一个整体。我还发现，对目标的知觉越充分，这种两极的交融倾向就越明显。我们对整个存在了解得越多，就越能容忍不一致、相矛盾和相抵触之物的同时存在，并能心平气和地对其进行知觉。这些矛盾和不一致似乎是部分知觉的产物，随着我们慢慢地知觉整体，这种产物会慢慢消失。如果从 神的全知视角来看，神经质的人可以被看作奇妙、复杂，甚至美丽的整体过程。那么，那些我们平常所以为的冲突、矛盾和分裂，就可以被知觉为不可避免的、必要的，甚至是命中注定的。也就是说，如果神经质的人可以被充分了解，那么他的一切都可以看作是必要的，然后他就可以被审美地认知和欣赏。他的所有矛盾和分裂都会变得富有意义和智慧。只要我们把症状看成是趋向健康的压力，或是将神经症视作解决个人问题最健康的办法，就连疾病和健康也会相互交融、变得界限模糊。

15.除了已经提及的共同点，身处高峰体验中的人与神之间的相似之处还有很多。无论日常状态下的他有多不堪，一旦身处高峰

体验中，他就会像神一样，完整地、深情地、怜悯地、愉悦地接纳世界万物和人。长久以来，神学家都致力于完成一个不可能的任务，力图消除世界上的罪孽、邪恶、痛苦与全能、博爱、无所不知的神之间的分歧。而善有善报、恶有恶报的原则与博爱、可以宽恕一切的神之间的矛盾，就更难消除了。神必须惩罚，又不能惩罚；既要宽恕，又要谴责。

研究自我实现者对两难问题的自然主义解决方法，并比较我们到目前为止讨论的两种截然相反的知觉类型（即存在性认知和匮乏性认知），是很有启发作用的。一般来说，存在性认知都是短暂的现象，是一个高峰，一个制高点，一个偶尔实现的成就。人类似乎大多数时间都以一种匮乏的方式去知觉。也就是说，人们大多数时间都在比较、判断、赞同、联系、利用。换句话说，我们可以交替使用两种不同的方式知觉他人。某些时刻，我们所觉知的是他人的存在，就好像在当下，他就是全宇宙。然而，大多数时间，我们把他人视作宇宙的一部分来知觉，通过很多复杂的方式把他与宇宙的其他部分相联系。如果我们从存在性认知的角度来看待他，**那么**我们就可以做到博爱、宽恕一切、接受一切、欣赏一切、理解一切、存在性地感到快乐、充满深情地感到愉悦。可这些恰恰是大多数文化和宗教认为神所应具有的特点（奇怪的是，大多数神没有愉悦这个特点）。在这些时刻，就这些特点而言，我们可以像神一般。举例来说，在治疗情境中，我们可以用爱、理解、接受、宽恕来对待各种各样的人，而这些人在日常生活中都是我们害怕、谴责甚至憎恨的对象，比如谋杀犯、鸡奸者、强奸犯、剥削者和胆小鬼。

很有意思的一点是，所有人都会时不时地表现得好像他们希望被别人存在性认知（详见本书第九章）。他们讨厌被别人分类、分级、标签化。给一个人加上"侍者""警察""女士"的标签，而不是把他们当作一个个体来对待，往往会得罪他们。我们都希望别人可以认可和接受我们整个人、我们的丰富内涵、我们的复杂性。如果这样的接受者不存在于人间，那么我们就会有一种强烈的愿望，要去投射和创造一个神的形象，有时候是人形神明，有时候则是超自然的神。

我们的研究对象把现实作为自在的存在来接受，这是对"邪恶之命题"的另一种回答。现实既非为了**人类**而存在，也非为了**对抗**人类而存在。现实只是客观、冷漠地如其所是。地震使人类丧命这件事，只会对某些人产生触动，这些人本身就需要一个具有人格的、既博爱又严肃、全能且是造物主的神。对于那些可以自然主义地、非人格地和非创造地知觉和接受地震的人来说，地震不会引起任何道德或价值论方面的问题，因为地震并不是"故意"来招惹他们的，对此他们只会耸耸肩。如果要从人类中心说来解读罪恶，他们就像接受四季变迁和暴风一样接受罪恶。原则上来讲，在洪水和老虎伤害人类之前，人们可能会欣赏它们的美，甚至会被逗乐。当然，面对别人的伤害行为，我们就很难保持这种态度，不过偶尔也是有可能的，而且一个人越成熟，这种可能性就越大。

16.处于高峰时刻的认知行为具有将认知对象独特化而不是类别化的强烈倾向。 无论是认知一个人,认知整个世界,认知一棵树,还是认知一件艺术品,认知对象往往都会被看作是独一无二的特例,被认为是他那个类别中的唯一成员。这与我们平时看待世界的方式形成了鲜明的对比。从本质上来说,日常的认知方法停留在一般化上,停留在亚里士多德式的把世界分成各种类别上。对于所在的类别来说,认知对象只是一个例子或样本。整个类别概念依托于一般的分类。如果不存在类别,那么相似、同等、类似、差异这样的概念将毫无用处。我们无法比较两个毫无共性的东西。另外,说两个事物具有某些共同点(例如,红、圆、重),就必然意味着对其进行抽象认知。但是,如果我们抽象地认知他人,如果我们坚持同时认知其所有特点,将这些特点视为互相依存的,那么我们将再也无法分类。从这个观点来看,每一个完整的人、每幅画、每只鸟、每朵花都会变成他(它)那个类别里的唯一成员,因此必须被独特地感知。这种希望看到事物所有方面的意愿,意味着认知的效度(59)更高。

17.高峰体验的一个方面是:完全无恐惧、无焦虑、无压抑、无防御、无控制,抛弃了克己、延误和限制,即便只是暂时的。 此时,所有对崩溃和消亡的恐惧、对被"本能"操纵的恐惧、对死亡和疯狂的恐惧、对陷入无拘无束的快乐和情绪的恐惧,往往都会消失或终止。这就极大地解放了被恐惧扭曲的知觉。

有人可能将高峰体验视为纯粹的喜悦、纯粹的表达、纯粹的欢欣或狂喜。但是既然高峰体验依然"在这个世界里",那么它所代表的就是弗洛伊德的"快乐原则"和"现实原则"的结合。因此,这也是在较高心理功能层级上解构普通二分法概念的又一例证。

因此,在有高峰体验经历的人那里,我们往往可以发现某种"渗透性",一种对潜意识的接近和坦诚,对潜意识的相对无惧。

18.我们已经了解到,在各种各样的高峰体验中,人们往往会变得更完整、更个性化、更具自发性、更具表达力、更从容、更有勇气、更强大,等等。

但是,这些特点类似于或几乎等同于前文提到的各种存在价值。**在内在与外在之间,似乎有一种动态的相似或同形。也就是说,随着人们认知了这个世界的根本本性,他离自己的本性也就更近了**(接近自己的完美状态,成为更完善的自己)。这种相互作用的影响似乎是双向的,因为随着人们以某种理由逐渐靠近自己的本性和完美状态,他们可以更容易看到世界中的存在价值。随着自身变得越来越完整,人们也更有可能看到整个世界更多的统一性。随着自身变得越来越具存在性快乐,人们越能发现世界的存在性快乐。随着自身变得越来越强大,人们就越能看到这个世界的强大力量。这就是彼此成就对方。就像压抑情绪会让人们觉得世界不美好,反之也是如此。随着人们越来越靠近完美(或者随着他们越来越远离完美),人和世界也就变得更像彼此(108,114)。

或许这就是爱者融合的部分含义,这就是在宇宙的体验中与世界相融合,以恢宏的哲学洞察力感受到自己是整体的**一部分**。一些(尚不充分的)相关资料(180)显示,"杰出"画作结构所具备的某些特点,也可以用来形容杰出的人,比如整体、独特、鲜活这些存在价值。这个结论经得起检验。

19.现在,如果我暂时把以上所有都放进另一个大家所熟知的参照系里,即心理分析中,对某些读者将会很有帮助。次级过程应对的是潜意识和前意识之外的真实世界(86)。逻辑、科学、常识、良好适应、文化适应、责任、规划、理性等都是次级过程的方法。初级过程最初是在神经病患者和疯子身上发现的,然后是孩子身上。直到最近,才在健康的人身上发现。潜意识的运行规则在梦境里最为显而易见。希望和恐惧是弗洛伊德机制的原动力。适应良好、负责任、有常识的人在真实的世界里游刃有余,他们之所以能够如此,通常是因为他们在一定程度上不管、否认和压抑自己的潜意识和前意识。

我在几年前才强烈意识到这一点。当时我发现,我特意挑选出来的成熟的自我实现者,竟然同时也非常孩子气。我将之称为"健康的孩子气"或"第二次天真"。而克里斯(Kris, 84)和诸多自我心理学家将之称为"自我协助下的退化"。这种现象不仅存在于健康人身上,而且被证明是心理健康的**必要条件**。爱被证明是一种退化（也就是说，不能退化的人就不可能爱）。而且，分析学家最终同意，灵感或伟大的（最初的）创造性在某种程度上来源于潜意识，也就是说，来源于一种健康的退化，来源于与现实世界的暂时分离。

以上所有论述，是**自我、本我、超我和自我理想的融合，是意识、前意识和潜意识的融合，是初级过程和次级过程的融合**，是快乐原则和现实原则的综合，是为了最高度成熟化而进行的无畏惧退化，是对于一个人各个方面的真正整合。

重新定义自我实现

总结来说，处于高峰体验中时，每个人都会暂时性地拥有自我实现者所独有的特点。也就是说，此时的他们变成了自我实现者。我们可以将之视为一个短暂的性格变化，而不仅仅是一个情感认知的表现状态。此刻不仅仅是人最快乐、最兴奋的时刻，也是最成熟、最具备个性、最富有成就的时刻——总而言之，是最健康的时刻。

由此，重新定义自我实现成了可能。我们可以克服其静止和类型化的缺点，使自我实现不至于成为极少数人在六十岁时才可进入的一种全有或全无的万神殿。我们可以将之定义为一段时期，一次迸发。此时，人的力量以极其高效、极度愉悦的方式汇聚到一起：他的各个部分变得更加协同，相互之间分歧更少；他更加渴望去经验；他变得更为独特，表达力更强，更具自发性；他全速运转，更具创造性，更幽默，更能超越自我，更独立于低级需要，等等。在这段时期，人们更能做真实的自我，更完美地发挥其潜能，更加接近其自身存在的核心。

从理论上来说，这样的状态或经历会在任何人生命里的任何时间发生。这样看来，那些被称为自我实现者的人区别于其他人的特点在于，在他们身上，这种状态似乎来得比普通人更频繁、更强烈、更完美。这就使得自我实现成了一个程度和频率的问题，而非一件全有或全无的事。也因此，自我实现这一命题也将更经得起现有研究方法的检验。我们的研究对象不必再局限于那些总是能实现自我的稀少人。至少从理论上而言，我们可以去研究任何一个人的生活经历，尤其是研究艺术家、知识分子和其他有创造力的人，或是宗教人士，以及在心理治疗或其他重要成长经历中体验过巨大顿悟的人。

外部效度的问题

在以上论述中，我从现象学的角度讲述了我的主观经验。但其与外部世界的关系完全是另外一回事。我们不能仅凭认知者自己的说法，就断定他的认知的确更加真实和完整。而要判断这种说法的效度，其标准通常存在于作为认知对象的物体或人身上，也可能存在于主体所创造出来的产物中。因此，从原则上来说，相关性研究就可以解决这个问题。

不过,在何种意义上,艺术可以被视为知识?的确,审美知觉拥有其内在的自我肯定能力。它能给人一种珍贵的、奇妙的体验,但是,某些幻觉和错觉也可以如此。另外,同样一幅画,我可能对它没有任何感觉,但它却可以唤起你的审美体验。即便我们不去管个体之间的差异,就有效性的外在标准而言,所有其他知觉依然存在这个问题。

事实上,爱的知觉、神秘体验、创造性时刻以及顿悟的闪现等知觉都存在这个问题。

一个人对他所爱之人的认知,是不可被其他任何人复制的。然而,毋庸置疑的是,个体的内在体验有其固有的价值,这种体验对个体自身、个体的爱人和整个世界也都有积极作用。举一个非常典型的例子:母亲对孩子的爱不仅使她认知到了潜力,同时也使这些潜力变为现实。与之相对的,缺乏爱则会限制潜力,甚至会扼杀潜力。个人成长需要勇气、自信,甚至是敢于冒险;如果没有来自父母和伴侣的爱,则会导致自我怀疑、焦虑、无价值感、认为会被嘲笑的恐惧等情绪。而这些都会抑制成长和自我实现。

所有人格学和心理疗法的体验都可以证明,爱可以把潜能变成现实,没有爱则会阻滞潜能的现实化,无论这是否是其本意(17)。

如此一来,就出现了一个复杂且反复循环的问题。按照默顿(Merton)的说法:"这种爱的预言能力究竟有多强?"一个丈夫相信他的妻子很美，或者妻子坚信她的丈夫很勇敢，这在某种程度上便**创造**出了美或勇气。这并不是对已经存在的事物的认知，而是由信念创造出来的。既然**每个人**都有可能变得美丽、变得有勇气，那么我们是否能够将之视为知觉潜能的一个例子？如果可以，那这就不同于对真实可能性的认知，比如说，我们认为某人有成为伟大的小提琴家的可能性，但这个可能性显然并**不**普遍。

然而，即便撇开以上不谈，对于那些希望最终把这些问题带入公共科学领域的人来说，还有其他疑团亟待澄清。常见的情况是，对他人的爱往往会带来幻觉，使人认知到并不存在的品质和潜能。因此，这并不能算是真正的认知，这只是在相爱者心里创造出来的，这种创造依赖于认知主体的一系列需要、抑制、克制、投射和合理化。如果爱比不爱更具知觉力，那么，从另一个角度来看，它也是更盲目的。如此一来，那个问题依然困扰着我们：究竟哪些才是更敏锐地知觉真实世界的实例呢？我已经从人格学角度阐述了我的观察结果，即要解决这一问题，关键之一在于知觉主体心理健康的各种变量，这些变量有的与爱的关系有关，有的与爱的关系无关。越是健康，对这个世界的知觉就越准确和敏锐，所有其他事情也是如此。由于这个结论是由非对照观察得出的，因此，它目前仅是一个假设，还需要对照研究的验证。

一般来说，当审美和智慧的创造力迸发时，或是在体验顿悟时，都会出现类似的问题。在这两种情况下，体验的外部效度并不完全与现象学自我肯定联系在一起。再强大的洞察力也可能出错，再强烈的爱也可能消失。在高峰体验中创造出来的诗歌，过后也可能觉得不好，便将之丢弃。无论所创造的作品是经得起检验的，还是后来在冷静、客观的审视中被丢弃了，创造它们时的主观感受都是相同的。平常饱含创造性的人对此很有经验：他们只期待他们二分之一的洞察力可以开花结果。所有高峰体验给人带来的感觉都像存在性认知一样，不过并非所有高峰体验都真的是存在性认知。然而，对于更健康的人和更健康的时刻来说，认知的确是更加高效、更加敏锐的。也就是说，有些高峰体验**就是**存在性认知。我曾经提出过一个原则：如果自我实现者可以并且确实能比我们其他人更有效、更充分、更少受动机影响地去认知现实，那么我们就可以利用他们来进行生物学试验。比起我们自己的眼睛，自我实现者强大的敏感性和知觉可以让我们将现实认知地更为清楚。就好像，我们会用比其他生物都敏感的金丝雀来测试矿洞里的瓦斯含量。而我们自己，则是同一支弓箭的第二根弦。当我们处于高峰体验中、最具知觉力时，我们或许可以利用自己——这时**我们**具备自我实现者的特质——给我们自己提供一份比平时的认知更为接近现实的认知报告。

我们终于得以弄清：我所描述的认知体验并不能取代通常需要怀疑和谨慎态度的科学方法。尽管这些知觉高效、敏锐，而且可能是发现某种真相的最好或是唯一的方式，但是，在灵光闪现之后，检查、选择、拒绝、确认和（外部）验证，仍然不可避免。不过，我们也不必将认知体验和科学方法视为水火不容。很明显，它们互相需要，互为补充，就像拓荒者与定居者的关系一样。

高峰体验的后效

在各种高峰体验中，有一点与知觉的外部效度这个问题完全无关，即这些体验对人有哪些后效。从另一种意义上说，这些后效也可以验证这些体验。我目前还提供不了对照研究数据。我的依据来自研究对象的普遍感受——他们认为确实存在这样的后效，此外，我也相信这样的后效真实存在。另外，所有讨论创造性、爱、洞察力、神秘体验和审美体验的作家也都完全认同它的存在。基于以上，我认为，目前做出如下推断和主张是合理的，也是可以检验的。

1.严格意义上来说，从消除病症的角度看，高峰体验可能而且确实拥有治疗效果。我这里至少有两份报告——一份来自一位心理学家，另一份出自一位人类学家——其内容有关神秘体验或大海般的体验，报告称这些体验意义深远，可以永远消除某些神经症状。这样的转换体验在人类历史中自然多得数不胜数，可据我所知，它们还未能得到心理学家和精神病学家的关注。

2.高峰体验可以让个体对自己的看法向健康的方向转变。

3.高峰体验可以在很多方面改变个体对他人的看法，以及个体对自身与其他人的关系的看法。

4.高峰体验可以或多或少地改变个体对这个世界的看法，

或是对于世界某些方面和部分的看法。

5.高峰体验可以让一个人拥有更强的创造性、自发性、表达力和特质。

6.个体会把这种体验作为非常重要和令人满意的事件铭记在心,而且会想办法再次经历。

7.即使生活通常都很单调、缺乏想象力、痛苦、叫人难以满足,但这样的人还是更倾向于觉得生活一般而言是值得去体验的,因为他们曾见证过美、兴奋、诚实、乐趣、善良、真实和意义这些东西的存在。

也有很多其他影响,它们很**特别**、很奇特,但取决于不同的个体及其面临的特殊的问题。在经历高峰体验后,个体认为这些问题已经得到解决,或是可以从全新的角度去看待这些问题。

我认为,这些后效**全都**可以被普遍化。如果将高峰体验比作去拜访个人定义的天堂的话,那么,在高峰体验之后,个体便从这个天堂返回尘世中。这种体验产生的令人愉快的后效,有些是普遍性的,有些是个体性的,都是真实存在的。

艺术家、艺术教育者、具有创造性的老师、宗教和哲学理论家、有爱的丈夫、母亲、心理治疗师和其他很多人,都在前意识中将神秘体验、顿悟体验和其他高峰体验所具有的这种后效视为理所当然,并认为它们必然会发生。

总的来说,这些良好的后效是很容易理解的。比较难解释的则是,也有很多人并**不**表现出明显的后效。

第七章　强烈的同一性体验：高峰体验

在我们寻找同一性的定义时，我们必须要牢记：这些定义和概念并非存在于某个隐蔽的地方，耐心地等待着我们发现。我们只能**部分地**发现它们，同时，**我们也部分地**创造它们。在某种意义上，我们说同一性是什么，它就会成为什么。当然，在这之前，我们首先应当体会、理解这个词已有的各个含义。随之，我们就会发现，不同学者会用同一个词来表述迥乎不同的事实与活动。当然，如此一来，我们就需要根据不同的活动来加以辨别，以理解某位学者在使用这个词时，**他**究竟想表达什么意义。对于不同的心理医生、社会学家、自我心理学家以及儿童心理学家来说，即使他们使用这个词时的意指相近或相交，其含义也不尽相同（或许这种类似性就是同一性如今的"含义"）。

我要在此记述关于高峰体验的另一个心理过程。在高峰体验中，"同一性"具有多种多样的含义，这些含义真实、合理、有效。不过，我并不认为它们就是同一性的真正含义，它们仅仅是另外一种角度而已。因为我认为，对于处于高峰体验中的个体而言，他们的同一性最高、最接近真正的自我、最具特别性。如此一来，高峰体验似乎是干净、未被污染的重要的数据来源。也就是说，在高峰体验中，发明降到了最低程度，而发现则升至最高限度。

读者可以很轻易地发现，下述所有"单独的"特征显然并非互不相关，而是通过不同的方式彼此关联。比如说，互相重叠，用不同说法表述同一种事物，用隐喻义表达同一层含义，如此，等等。对"整体分析"理论（与原子论或还原论分析对立的）感兴趣的读者，可以参考我的另一部著作（97，第三章）。我将用整体论的方法进行叙述，即不把同一性拆分成完全分离、相互排斥的多个部分，而是将其在手中反复把玩，凝视它的不同侧面，或者像一位鉴赏家凝视一幅精美的油画那般，把同一性（作为一个整体）放到不同的结构中进行观察。以下所探讨的每一个"方面"，都可看作是对每一个其他"方面"的部分解释。

1.处于高峰体验中的个体比其他任何时候都感觉更整合（和谐、健康、协调）。（在旁人眼中），他同样表现得更整合（见下文），比如少有割裂或分裂，少有自我矛盾和斗争，与自己相处更和谐，自我体验与自我观察之间少有断裂，专心致志，各部分之间和谐有序，协调增效，内耗减少，等等[1]。关于整合及其存在条件

---

[1].治疗师对整合特别感兴趣，原因之一在于整合是所有治疗的主要目标之一，也因为整合涉及一个有趣的问题，即我们所说的"治疗分裂"（therapeutic dissociation）。治疗需要深入了解，因此势必要同时进行体验和观察。拿精神病患者来说，他们正在体验，却无法对自己的切身体验做出超然的观察，尽管他们处于一种无意识状态，但他们对此并不知情。因此，这种体验不会使他们有什么进步。当然，治疗师也必须把自己分成完全相反的两个部分，因为他必须要同时接受和

的其他问题,留待后文再做探讨。

2.当个体成为更纯粹、更独特化的自我时,就更能与世界[1]、与从前的非自我融为一体。比如,相爱的两个人越走越近,成为一个整体而不是两个单独的人;"你我一元论"的实现变得更为可能;创作者与他创造的作品结为一体;母亲与自己的孩子融为一体;鉴赏家**化为**他所鉴赏的音乐、画作或舞蹈(音乐、画作或舞蹈也化为**他**);天文学家"化为"天上的星星(而非两个单独的个体隔着天文望远镜遥遥相望)。

也就是说,最大限度地实现同一性、自主性或自我,其本身也是一种自我超越。如此一来,个体会变得相对无我。

3.高峰体验中的个体常常自认为处于自身力量的巅峰,认为其充分发挥了自己的聪明才智。罗杰斯(145)用词很妙——他说感到自己在"全速运转"。他觉得自己此刻比其他时候更聪明、更敏感、更智慧、更健壮或更优雅。他处于自己的最佳状态,处于高

不接受这名患者。也就是说,一方面,他要给予"无条件的积极关注"(143)。为了理解患者,他必须与他同一,他要放下一切评判和评价,他必须体验患者的世界观,他必须以"你我相遇"这一态度与他交朋友,他必须用宽宏的上帝般的爱来爱患者,等等。但另一方面,他也要含蓄地不认同、不接受、不同情,因为他是要治病人的病,改善他的病情,也就是说,要使他变得与现在不一样。这种一分为二的疗法,显然是多伊彻和墨菲疗法的基础。(38)

1.我意识到我所使用的语言"暗含"了体验,也就是说,只有不压抑、不克制、不否认、不畏惧自己的高峰体验的人,才能明白其中的意思。我相信,与"没有获得高峰体验的人"也可以进行有意义的交流,但这将非常漫长且艰难。

效能状态，处于自己最巅峰的形态。不仅他自己有这种感觉，他人也可以看得出来。此时，他不再耗费精力去自我斗争或是自我克制；他的每块肌肉都在相互协作，而非互相制衡。在一般情况下，我们的一部分才智用于付诸行动，另一部分才智却浪费在这一才智上。而高峰体验中不存在浪费，我们的全部才智都可以用于行动。个体变得像一条河流，没有堤坝的阻隔，全速地向前奔涌。

4.全速运转还有一个略微不同的含义，即当人处在最佳状态时，可以毫不费力、轻而易举地行动。往常需要大费周章才能做成的事，如今则毫不费力，水到渠成。此时，一切进展顺利，事半功倍，得心应手，我们往往感觉很轻松，整个人看起来也十分自如。

这个时候，从外表上看，人显得冷静、自信和能力卓然，就好像他们完全知道自己在做什么，且在行动过程中全力以赴，不怀疑、不含糊、不犹豫、不有所保留。他们不会偏离目标，也不会出手无力，而是直击要害。当伟大的运动健将、艺术家、创造者、领导者和行政官员全速运转时，都表现出这一行为特点。[1]

5.处于高峰体验的个体会觉得，相比平时而言，此时的自我成了自身活动和感知的负责中枢，主动性和创造性增强。他觉得自己更像一个原动力，更能自我决定（而不是顺从、被决定、无

---

[1].与前文所述内容相比，这一点与同一性这个概念之间的联系显然较弱。不过我认为，因为其外部性与公共性高，易于研究，所以应该将它算作"成为真正自我"的一个附带现象特点。另外我认为，这一点对于充分理解神的欢乐（如幽默、玩笑、傻气、愚蠢、嬉戏、欢笑）是必要的。在我看来，神圣的快乐是同一性的最高存在价值之一。

能、依赖、消极、软弱、任人摆布)。他自认为是自己的主人,完全负责、意志坚定,比平时具有更多的自由意志,是自己命运的主人。

不仅如此,在他人眼中,他看起来更决断、更具力量、更专一,能够不屑一顾或力排众议,更坚定地相信自己,往往给人留下势不可挡的印象。现在,他对自己的价值以及执行他所决定做的一切事情的能力深信不疑。在他人眼中,他可信、可靠,可放心将重任托付给他。在治疗、成长、教育或婚姻中,常常能见到这样的伟大时刻。

6.此刻,他摆脱了阻碍和压制,放下了戒备、恐惧和疑心,不再拘束、不再有所保留、不再自我批评,大展身手。这或许是价值感、自我接纳与自爱自重的消极方面,这不仅是主观现象,也是客观现象,可以从两个方面进行深入探讨。当然,这不过是前文与后文提到的各种特点的一个不同"方面"。

原则上,以上所述表现或许是可以检验的。因为从客观上说,这些都是互相矛盾的,而非相辅相成的。

7.如此一来,他表现得更加主动、更善于表达,也更加单纯(坦诚、幼稚、诚实、耿直、直率、天真、不矫饰、无防备),更加自然(质朴、放松、果断、直白、真诚、真挚、某种意义上的纯朴、直接),无拘无束,感情(不由自主地、冲动地、条件反射般、"本能"、无拘无束、自我意识、无思想、无意识)自然流露。[1]

1.对于真正的同一性来说,这个方面非常重要,但又有很多言外之意,

8.因此,从特定的意义上来说,个体此时更具"创造性"(参考本书第十章)。由于个体非常自信、毫无怀疑,其认知和行为可以按照道家顺其自然的方式,或者按照格式塔派心理学者所描述的灵活方式,来进行自我塑造。由此,使自我达到本质的、"显露"的条件或要求(而不是以自我中心或自我意识为条件),以任务、责任或事业[弗兰克尔语(44,45)]的本质条件进行塑造。因此,其认知和行为更加即兴发挥、不加准备、凭空创造,显得出人意料、新颖、不俗套、不虚伪、质朴、不落窠臼。另外,也更少准备、少计划、少设计、少预谋,因为无论如何,准备与预谋都要求提前有所预备。因此,这些认知和行为也相对是非寻求的、无欲念的、非需要的、无目的的、未费心的、"无动机的"或无驱力的。由于它们突然出现、刚刚产生,并不是提前做好准备的。

9.以上所有,也可以换一个说法来表述:极致的独特性、个体性与特殊性。原则上来说,如果每个人都是互不相同的,那么,每个人的高峰体验则**更加千差万别**。如果说,人在许多方面(例如社会角色)上可以互相代替,那么,在高峰体验中,角色渐渐消失,人与人之间的可替代性也降到了最低。无论他们的内在本质如何,无论"独特的自我"究竟意味着什么,在高峰体验中,个体

难以描述,不可言传。因此,我在下面增补了部分近义词,它们有着些许重叠意义:无心、自然、自由、自愿、不假思索、无意、鲁莽、直率、毫无保留、坦白、直白、率真、豪爽、不做作、不装腔作势、坦率、耿直、浑然天成、镇定、信赖。这里暂且不谈"单纯的认知"、直觉以及存在性认知这几个问题。

都将更加接近自己的内在本质和独特自我。

10.在高峰体验中,个体最大程度地活在当下(133),最大程度地抛却了过去和未来,全神贯注于此刻的体验。比如,此刻的他比其他时候更善于倾听。由于他没有形成习惯,也没有预期,所以可以充分去倾听,不会有任何因过往经历(与当下情况不尽相同的)而产生的期望值,也不受因未来规划而产生的希望或忧虑的影响(这种影响意味着只是把现在作为通往未来的手段,而不是把现在本身作为目的)。而且,由于个体此时超越了欲望,所以他无须用恐惧、憎恨或希望来给自己贴标签。他更不必为了做出评价而比较此处有什么、没有什么(88)。

11.身处高峰体验中的个体更倾向于纯粹精神,而较少世故(参见本书第十三章)。也就是说,此时左右他的是心灵深处的戒律,而不是非精神的现实法则。这听上去似乎自相矛盾,但其实不然。而且,即便它是矛盾的,也是有某种意义的。因此,我们不得不承认它。当一个人不干涉自我,同时也不干涉别人时,他最有可能对他人抱有存在性认知;自重自爱**与**尊重、热爱别人,二者是相辅相成、相互促进的。我之所以能掌控非我,是因为我不去掌控它们,比如顺其自然、不去管它,允许它按照自身原则而非我的原则存在。同样的,我之所以能做真正的自己,是因为我摆脱了非我,不听命于**它的**主宰、拒绝按照**它的**原则生活,执意只按我本来的原则与标准生活。一旦出现了这种情况,我们反而会发现:内在(我)与外在(他人)并非截然不同,**当然**,也**并非**相互对立。结果证明，内在原则与外在原则都非常有趣，甚至是可以相互结合、融为一体的。

要想理解这种迷宫般的逻辑，可以举一个最简单的例子：两个人之间的存在爱关系。当然，也可以用其他高峰体验来解释。显而易见，在这种理想的交流层面上（我称作存在范畴），自由、自立、掌握、放手、信任、愿望、依恋、现实、他人、分离等，每个词语都有着复杂而丰富的含义，而在以匮乏范畴为主导的日常生活中，在缺乏、欲望、需要、自我保护、分歧以及极端与分化中，这些词则不具备这样的含义。

12.强调无争、无欲并将其作为我们的研究重点（或组织中心），具有某种理论意义。通过上文的各种描述，尤其是从匮乏性需要这个角度来看，高峰体验中的个体变得无动机（无驱动力）。类似的，在同一个范畴里，我们将最高的、真正的同一性描述为无争、无欲、无求、超越日常的需要和驱力。他只是存在着。快乐已经达到，这意味着对快乐的**追求**暂时告一段落。

我们在上文已经提到过这种自我实现者。此时，凡事顺其自然，喷涌而出，没有意志、不费力气、漫无目的。此时，个体全力以赴、毫无缺憾，不耽于安逸，不降低需要，不逃避痛苦、烦恼和死亡，不为了将来或其他目的。此时的行为和体验纯粹是**其本身**，是自我验证的，是目的行为和目的体验，而不是手段行为或手段体验。

在这个意义上，我认为此时的个体拥有了神性，因为人们普遍认为，神无欲无求、完美无缺，对任何事都感到满足。因此，究其源头，这种特点，尤其是"至高无上""完美无缺"的神圣行为都基于无欲无求。这些论断对于了解**人类**基于无欲无求而发生的行为，很有启发作用。比如，我发现其有助于理解超凡的幽默、娱乐理论、无聊理论、创造性理论，等等。人类的胚胎也没有欲念，这是第十一章中将要探讨的高级涅槃和低级涅槃之所以易于混淆的根本原因。

13.高峰体验中的表达和措辞往往富于诗意、神秘和夸张，就好像要表达这种存在状态天生就该使用这样的语言。这一点，我最近才在我研究的课题以及从自己身上察觉到，所以无法对此做出太多论述。第十五章对此也有所提及。同一性的言外之意是：个体越真实，他就会越像诗人、艺术家、音乐家和先知。[1]

14.按照大卫·M.列维（David M. Levy）的理论，所有的高峰体验都可以有效地理解为"行为的完成"，或格式塔派心理学家认为的闭合，或赖希（Wilhelm Reich）所称的高潮，再或是完全的释放、发泄、高潮、终结、清空或结束（106）。与之形成鲜明对比的是遗留下来的未解决的问题，乳房或前列腺半空不空，排便只排了一半，无法放声痛哭排遣痛苦，因为节食而处于半饥饿状态，以及永远无法完全整洁的厨房，含蓄的性交，强压住的怒火，得不到练习的运动员，画在墙上、无法涂改的扭曲的画作，对于愚

1."诗叙述的是最幸福、最佳的精神状态下，最佳和最幸福的一刻。"——雪莱

蠢、不称职或不公平只能忍气吞声,等等。从这些事例中,读者不难从现象学角度上理解,完满是多么重要,以及此论点为什么有助于深入理解上文所讲的不争、整合、放松等。完满可被看作尽善尽美、公正、美好、结果,而非手段(106)。由于外部世界与内在世界在一定程度上具有同构性,且辩证相关("互为因果"),好人创造美好的世界,美好的世界成就好人这一命题似乎也有了解释。

这与同一性之间有什么关系呢？或许,真正的人本身就是完整的,已经抵达终点;他一定时不时地体验主观上的终结、圆满或完美,他一定也有过相似的外界体验。而事实是,**只有**高峰体验者才能实现完全的同一,而非高峰体验者则会始终存在缺憾、不足、缺失,他们要时刻努力,他们生活在手段之中,而不是目的之中。即便真实性与高峰体验不是完全相关的,我至少可以肯定,这两者之间是正相关的。

身体和心理上的紧张以及不完整性,似乎不仅不利于从容、平和以及心理健康,而且不利于身体健康。这可能有助于解释以下现象：我们发现,在很多人的描述中,高峰体验与(唯美的)死亡相似,就好像在最深刻的生活中,会矛盾地出现一种对死亡的盼望和意愿。正如兰克(76,121)所说的那样,在隐喻、神话或古语中,圆满或善终或许就是死亡。

15.我坚信,某种快活是一种存在价值。部分理由在前面已经有所论述。一个最重要的理由是在高峰体验中(内心或外界)

常常被提及，研究人员从体验者的外部行为中也可察觉到这一点。

在这方面，英语词汇显得相当贫乏（**总体上**难以用英语描述"更深一层次的"主观体验），难以描述这种存在快活。其中存在的广阔、神圣、愉快、诙谐等性质，显然超越了各种敌意。我们不妨将其简单称作幸福的喜悦、欢天喜地或欢喜。它有着丰富、过剩（不是匮乏性动机）等充盈的性质。这种乐趣或快乐既有关于人的渺小（弱小），又有关于人的博大（强壮），它超越了主宰—顺从这两个极端。从这个意义上来说，它是存在主义的。快活肯定有着某种成功喜悦的性质。有时候或许带有一丝宽慰。它既是成熟的，同时又是幼稚的。

在马库斯（93）和布朗（19）笔下，它是一种结局，是乌托邦，是真善美，是超验，也可以将之称为尼采哲学式的。

快活的原本定义是悠闲、不费工夫、优雅、好运，摆脱障碍、约束和疑问后的释然，和存在性认知在一起的乐趣，不以自我和手段为中心，超越时间、空间、历史、地域。

最后，快活本身就与美、爱或创造性智力一样，是一个整合者。在某种意义上，它是二分法的解决者，可以解决许多难题。它可以帮助人类面对自身的境况。它启示我们，要想解决问题，不妨先对问题感兴趣。快活能让我们同时生活在缺失和存在两个王国中，同时既是堂吉诃德，又是桑丘·潘沙。

16.处于高峰体验中和体验后的人会觉得特别幸运，觉得自己颇有福分。人们的反应往往是:"我不配得到这些。"高峰体验并非事先设计安排,也不是刻意为之,而是偶然发生的。我们"被快乐惊呆了"(91a)。惊喜、出乎意料、快乐的"认知震惊"是很常见的反应。

感恩是常见的结果。信教的人感谢上帝,其他人则感谢命运、大自然、他人、过去、父母、世界,以及有助于促成这一奇迹的一切。感恩可能转化为尊敬、感谢、崇拜、赞颂、供奉及其他往往被归于宗教的反应。显然,无论是超自然的还是自然的宗教心理,势必要考虑这些体验,就像种种自然主义理论都要顾及宗教起源一样。

这种感恩常常表现为或形成一种包容一切人或物的爱。人们会认为世界是美和善的,常常表现为一种为了世界做些好事的冲动,回馈社会的渴望,甚至会引起一种责任感。

最后,在理论层面,我们或许可以将上文所提到的谦虚和骄傲与真正的人、自我实现相联系。幸运的人不会完全认为自己全凭运气,心存敬畏或心存感激的人也不会如此。他们一定会自问:"我配得到这些吗?"这些人往往能处理好骄傲和谦虚之间的对立关系,能够将这二者合并为一个单独的、复杂的、不同寻常的整体,也就是说,兼具(一定程度的)傲气和(一定程度的)谦虚。骄傲(一旦带有谦虚色彩)便不是**狂妄**,也不是偏执;谦虚(一旦带有骄傲色彩)也不是受虐。只有一分为二,才会使它们病态化。而存在性感恩则可以使人既是英雄,同时也是谦逊的仆从。

结 论

在此,我想重点强调上文第二项所讨论的问题。即便我们不理解这个矛盾,我们也必须面对它。同一性的目标(自我实现、自律性、个性化、霍尼所说的真我、真实性等)似乎本身就是一个终极目标,同时又是一个过渡性的目标——一种过渡仪式、通往超越同一性道路上的一小步。这似乎意味着,它的功能在于消灭其自身。换句话说,如果我们的目标是东方式的,即超越并消除自我,放弃自我意识和自我观察、与世界融合并与它同化、与其同形,那么对于大多数人来说,实现这一目标的最佳途径是实现同一性、塑造一个强大真实的自我、满足基本需要,而不是禁欲。

还有一点可能也与这个理论相关。在我的研究对象中,较为年轻者往往会反馈高峰体验中的**两种**身体反应:一种是兴奋、高度紧张("我情绪亢奋,想要上蹿下跳,想要大喊大叫");另一种是放松、平静、安宁、静止。比如说,在美妙的性体验、审美体验或者创造性狂热后,以上**两种**反应**都**有可能发生。个体可能会持续性兴奋,难以入睡或是不想入睡,甚至会食欲不振、便秘,等等;也可能进入完全放松的状态、慵懒或酣睡。至于这两种身体反应背后的意味,我们尚不明确。

第八章　存在性认知的一些危险

在本章内容中，我试图纠正一个普遍的误解，即认为自我实现是一种静止的、虚幻的"完美"状态，在这种状态下，遇到的一切问题都将迎刃而解，人们可以进入一种宁静或狂喜的超人状态，"从此以后永远过着幸福的生活"。实际情况远非如此，这一点我在前文中已经有所论述。

为了表述得更为清晰，我不妨将自我实现称为一种人格培养，它可以帮助我们改掉少年时遗留下来的缺点，摆脱神经质的（或幼稚的、幻想的、庸人自扰的、"虚幻的"）人生问题，从而使我们可以直面、承受和解决"真实"的人生问题（人内在的终极问题，无法避免的、迄今尚未完全解决的存在性问题）。也就是说，自我实现者并非没有问题，而是从过渡问题或虚幻问题转向了真实问题。说得夸张一点，我甚至可以将自我实现者称为"拥有自我认可和顿悟能力的精神病患者"，因为在某种定义中，这个词可以被视为与"理解和接受人的本来面目"（比如勇于面对或承认人性的缺点，甚至可以自嘲，而不是将其一概否认）意义相近。

我所希望探讨的问题正是这样一种真实的问题，一种即便是

(或尤其是)高度成熟的人都(才)会深感困扰的问题。比如真正的愧疚，真正的悲伤，真正的孤独，无碍别人的自私、勇气、责任心，对别人的责任感，等等。

当然，除了因认清真相、不再自欺欺人而获得的内在满足感以外，人格发展还有一个量(和质)上的提升。从统计学上来说，人类的大多数内疚感都是神经过敏，并非真正的内疚。因此，若能摆脱神经质内疚，即便真正的内疚还是保留了下来，内疚的总量在绝对值上也减少了。

不仅如此，高度发展的人格也会经历更多的高峰体验，而且体验得更加深刻(尽管不完全适用于"执迷"或阿巴顿式高尚的自我实现)。也就是说，虽然更加完善的人还是摆脱不了问题和痛苦(尽管此时的问题和痛苦是"更高级"的)，但是问题和痛苦在总量上减少了，快乐在质和量上则有所提高。总而言之，当个体达到个人发展的更高层次时，其在主观感觉上会更加良好。

我们发现，相对普通人而言，自我实现者具有更高的特殊类型的认知(即我所说的存在性认知)能力。在第六章中，我把这种认知称为对于本质的认知，或者说是"存在"、内在结构和内在动态，或是某物、某人或万物万事现有的潜能。存在性认知与匮乏性认知相对，与以人为中心和以自我为中心的认知相对。自我实现并不意味着完全没有问题，同样的，存在性认知作为自我实现的一个侧面，也潜伏着一定的危险。

存在性认知的危险

1. **存在性认知的主要危险是,容易陷入按兵不动,或至少是优柔寡断的状态。**存在性认知剔除了判断、比较、指责或是评价。此外,存在性认知不做决定,因为做决定是为了下一步的行动,存在性认知是消极的凝视、欣赏、不加干涉,比如"顺其自然"。只要个体凝视肿瘤或细菌,对其心存敬畏、欣赏、好奇,被动地沉浸在这种丰富认知所带来的喜悦之中,那么他就会不作为。愤怒、恐惧、改善现状的欲望、毁坏或消灭某物的欲望、谴责、以人为中心的观点("这对我有害"或者"这是我的敌人,会伤害到我"),全部被搁置在一边。是与非、善与恶、过去与将来,全都与存在性认知无关,全部对存在性认知无效。在存在主义者看来,存在性认知并不存在于世界之中,甚至也不是一般意义上的人性。存在性认知是神性的、慈悲的、不积极的、不干涉的、无为的。在以人为中心的意义上,敌与友此时已不复存在。只有当存在性认知转变为匮乏性认知时,人们才可能去付诸行动、做出决定、判断、惩罚、指责并规划未来(88)。

也就是说,存在性认知的主要危险在于当下与行动相互矛盾。不过,既然我们绝大多数时间都生活在真实世界中,那么**行动就是必需的**(防御行为,攻击行为,或从观看者角度看属于自私自利但就被观看者而言并非如此的行为)。从老虎(苍蝇、蚊虫或细菌）的"存在"的角度来看，它们都有生存的权利。人类也同样如此。这样一来，**存在**便出现了一个无法调和的矛盾：尽管关于老虎的存在性认知是反对人类猎杀老虎，但要想自我实现，就必须杀死老虎。即便按照存在主义的观点来看，杀死老虎对于自我实现而言也是内在的与必然的，是某种程度上的自私和自我保护，是对必要暴力甚至残忍的某种允许。因此，自我实现不仅需要存在性认知，匮乏性认知也是其不可或缺的一个方面。也就是说，自我实现这一概念必须包含冲突、果断与抉择。因此，搏斗、争夺、斗争、不确定性、愧疚以及懊悔，也是自我实现"不可避免的"副产品。也就是说，自我实现**必然同时**包括凝视和行动。

在有分工的社会中，这样的情况也是有可能的：如果有人能替凝视者采取行动，那么凝视者就可以免于行动。我们不必凡事都亲力亲为，为了吃牛排而亲自去宰牛。戈尔茨坦（55，56）曾**非常概括地**对此做过阐述。他发现，他的那些大脑受损的病人之所以能够无分离、无灾难性焦虑地顺利生活，是因为有人在保护他们，帮助他们做他们力所不能及的事。因此，一般而言，至少在专业化的社会中，有了他人的默许和相助，自我实现变得有可能了。［我的同事沃尔特·托曼（Walter Toman）也曾在探讨中提到，在这个专业化的社会中，全面的自我实现变得越来越不可能。］晚年的爱因斯坦，这位高度专业化的人才，由于有了妻子、普林斯顿大学和朋友们，才有可能自我实现。爱因斯坦之所以可以放弃多面发展，进而自我实现，是因为有他人替他效劳。若是独身在一座荒岛上,他**或许**会达成戈尔茨坦意义上的自我实现("在环境允许的情况下最充分地发挥自己的才能"),但肯定不会像现在这样,达成某个专业的自我实现。他甚至根本就无法自我实现,比如说,他可能不幸葬身荒岛,或因为某些方面的无能为力而变得焦虑、自卑,或是退回到匮乏性需要的层次。

2.存在性认知与沉思理解的另一个危险,在于它可能让我们变得不负责任,尤其对他人不肯施以援手。 举个极端的例子:若是对婴儿"顺其自然",只会害了他,甚至会导致他死亡。我们对于非婴儿、成年人、动物、土壤、树木、花朵等也都负有责任。如果外科医生对着一个大肿瘤惊叹且沉醉,可能会导致患者死亡。我们若是欣赏洪水,就不会筑堤造坝。不仅可能是因为"无为"而受害的他者,就连凝视者自己也认为这一点千真万确。因,凝视者会为自己的凝视和无为给他者带来的恶果而感到愧疚(他**一定会**愧疚,因为无论如何,他是"爱"着他们的;个体与他者手足相连,也就是说,他会在乎**他者**是否达成了自我实现,而如果他者死亡或遭难,他者的自我实现也必将终止)。

老师对学生、父母对子女、心理医生对患者的态度,就是这种两难的最佳范例。我们可以将这种关系视作与同类之间的关系。但是我们也必须面对老师(父母、心理医生)在培养、照料过程中产生的无可避免的冲突,比如设限、纪律性、惩罚、不听话、故意捣乱、引发和承受敌意,等等。

3.行动被抑制、责任心丧失,就会导致宿命论,比如"未来该怎样就怎样。世界是怎样就是怎样。这是已经被决定了的。我对此无法做任何事"。这是意志的丧失、自由意志的沉沦，是一种有弊无利的决定论，对每个人的成长和自我实现都是有害的。

4.深受"不行动的凝视"之害的人，几乎必然会对其产生误解。他们会认为这缺乏爱心、关爱和同情心。这不仅会阻碍他们自我实现，还可能使他们从成长的斜坡上下滑。因为"不行动的凝视"给了他们一个教训：世界复杂，人心险恶。结果，他们渐渐不再爱、尊重和信任他人。长此以往，这意味着这个世界变得更坏了，对孩子、青少年和弱势群体来说尤其如此。他们会将"顺其自然"解读为漠视、缺乏爱心，甚至轻蔑。

5.纯粹的凝视是上述问题中的一个特例，包括不书写、不帮助、不教育。佛教徒认为辟支佛（Pratyekabuddha）与菩萨有别，因为辟支佛的开悟不是为了他者，只是为了自己。但菩萨却认为，只要他者没有开悟，自己的超度就不算完成。也就是说，要想达成他的自我实现，势必要放弃存在性认知的极乐世界，转而去帮助他者，教导他者（25）。

佛陀的开悟就完全是私人的体验吗？还是也必然属于他者，属于这个世界？的确，书写和教育往往（不是始终）意味着要放下极乐或狂喜。它意味着放弃自己上天堂，而去帮助他者上天堂。禅宗教徒或道教徒是对的吗？《道德经》中所讲的"道可道，非常道；名可名，非常名"是正确的吗？（意思是，由于体验某物的**唯一**方法是体验它，任何一种语言都无法描述它，因为它是无法言传的。)

当然,双方都有正确的一面(这就是它为什么永远是一个未被解决的存在主义的两难困境的原因)。如果我发现了一片可与他者共享的绿洲,我是独自享受它,还是将他者领过去,以挽救他们的生命呢?如果我发现了一处美景,它之所以美丽,部分原因在于其静谧、了无人烟且偏僻,那么,我是保持它的原状好呢,还是将它建成可供百万人游玩的国家公园呢(而百万游人会改变美景的面貌,甚至使其消失)?我应该拿出我的私人海滩,与他者共享,将其变为公共海滩吗?印度人尊重生命、不肯杀生,他们把牛养肥,却任婴儿大量死亡,这样做究竟是对是错呢?在一个贫穷的国家,一群饥饿的孩子正眼巴巴地望着我,我该在多大程度上允许自己享受食物呢?我也应该忍饥挨饿吗?关于这些问题,没有一个好的、无瑕的、理论上的先验答案。不论我们给出什么样的答案,肯定都会有遗憾。自我实现必须是自私的,也必须是无私的。因此,其必然涉及选择、矛盾,以及遗憾的可能。

(与个体体质差异原则相联系的)劳动分工原则,或许可以帮助我们找到一个不错(但依旧不可能圆满)的答案。一如在各种宗教训诫中,有人会被"利己的自我实现"感召,有人会被"为善的自我实现"感召,一个社会同样也可以让一部分人做"利己的自我实现者"或纯粹的凝视者,并将之作为对社会的贡献(因此该凝视者便可从愧疚中解脱)。对于社会来说,支持这些人是值得的,他们可以树立一个好的榜样,给他者以启示,证明纯粹的、超脱世俗的凝视是可以存在的。我们曾支持过一些伟大的科学家、艺术家、作家和哲学家，免除了他们教学、写作和承担社会责任的义务。除了以上这个"纯粹"的理由，也是为了赌一把，说不定他们可以回馈社会。

这种两难困境也将"真正的内疚"（弗洛姆所说的"人道主义的内疚"）变得复杂了。我之所以将之称为"真正的内疚"，是为了将其与神经质内疚区分开来。真正的内疚来自不对自己、不对自己的命运、不对自己的内在本质诚实以待；请参考莫勒(199)和林德(92)的著作。

不过由此一来，又出现了一个问题：什么样的内疚是出自对自己的诚实，而不是对他人的诚实？大家都清楚，诚以待己与诚以待人有时存在本质上的、必然的矛盾。因此，我们可以抉择，也必须抉择。但这种抉择往往不会完全令人满意。若是如戈尔茨坦所说，"要想诚以待己，必须先诚以待人"(55)；或如阿德勒所言，社会利益对于精神健康而言是内在的、决定性的(8)，那么，自我实现者将会为了挽救另一个人而牺牲自己的一部分利益。另一方面，如果必须**首先**诚以待己，而凝视者据此只遵从自己的内心，那么我们将无法从凝视者那些未完成的手稿和被扔掉的画作中得到启示。因为纯粹的凝视者是自私的，没有助人的想法。

6.存在性认知可能会导致不加甄别地接受、普遍价值模糊、鉴别能力丧失、过于容忍。之所以如此，是因为仅从自身存在的立场来看，每个人都认为自己是完美无缺的。评价、指责、判断、否认、批评、比较,将全部变得不适用且无关紧要(88)。但是,对心理医生、爱人、教师、父母、朋友来说,无条件地接受是**必要的**,但对法官、警察或官员来说,只有无条件接受很显然是不够的。

我们可以发现,上文暗含了两种人际态度之间某种必然的矛盾。多数心理医生都会拒绝管教和惩罚病人。许多经理、官员、将军也不愿与自己对之发号施令的手下发生治疗关系或私人关系。

对绝大多数人来说,这种两难困境之所以出现,是因为人们不得不在不同场合中扮演"心理治疗师"或是"警察"。与往往意识不到这种困境的普通人相比,那些发展更完善的人,往往会认真扮演这两个截然不同的角色,也因此更会被这种两难问题所扰。

或许是由于这个原因,也或许是别的原因,目前我所研究的自我实现者一般都能通过同情心和理解力,把这两种角色功能结合起来。而且,他们比平常人更有正当义愤的能力。有证据表明,相比平常人,自我实现者与心智健康的大学生都能更真诚、少有迟疑地表达他们的正当义愤。

如果没有愤怒、指责、愤慨作为理解同情的补充,恐怕结果将是心如止水、对人冷淡、没有义愤能力,对真正的能力、技能、优势、卓越丧失鉴别能力。对于专业的存在性认知者来说,这可能会成为一种职业病。如果我们仅凭表面做一个普遍的判断,那我们可以说,许多心理医生在处理社会关系时过于中庸、不为所动、木然、不偏不倚和冷静。

7.一定意义上，对他者的存在性认知相当于认为"他"是"完美的"，而"他"对此很容易产生误解。众所周知，被人无条件地接受，被人全然地爱着，完全得到别人的认可，可以使人坚强，有利于人的成长，在治疗意义和心理意义上有奇效。但是，我们也必须意识到，这种态度也会被误解成一种无法忍受的要求，即要求对方符合不切实际、完美主义的期待。一个人越是认为自己没有价值、不完美，越会误解"完美"和"认可"这两个词，也会越发将这种态度认为是一种负担。

当然，"完美"这个词语事实上有两个含义，一个是存在范畴的，另一个是缺失、奋斗和形成范畴的。对于存在性认知而言，"完美"一词的意思是如实地感知**和**接受这个人的全部。对于匮乏性认知而言，"完美"意味着必然错误的感知和幻觉。就第一种意义来说，每一个活着的人都是完美的；在第二种意义上，没有一个人是完美的，而且永远也没有人可以达到完美。这就是说，我们可以将一个人视为是存在性完美的，但他或许会以为我们认为他不完美，那么，他当然会因此而感到不适、自卑、内疚，就好像他在欺骗我们。

可以合理地推断出这样一点：一个人越是具备存在性认知能力，就越有能力接受并享受他者对自己的存在性认知。我们也许还会发现，对于完全理解并认可另一个人的存在性认知者来说，他们往往需要采取变通的策略来避免上段所阐述的误解的可能。

8.**由于篇幅限制，我无法对存在性认知所遗留的策略问题一一阐述**。在此，我最后阐述一下过分唯美主义。在生活的审美反应，与生活的实际反应和道德反应之间，往往存在着一种内在矛盾（形式与内容之间的老矛盾）。我们可能将丑描绘成美，也可能不恰当地、非审美地描绘真、善，甚至美（以真善美表现真善美是否有问题，我们暂且不谈）。从古到今，这种两难困境一直争论不休。因此，我在这里仅指出，这个矛盾还涉及以下问题：较成熟者（可能会混淆存在性接受与匮乏性认可）对较不成熟者是否有社会责任？在深刻理解同性恋、犯罪、逃避责任之后，再将其生动地展现，这可能被曲解为鼓励人去效仿这些行为。存在性认知者处在一个大多数人都战战兢兢、很容易被误导的世界里，因此，这又是存在性认知者要额外担负的一个责任。

经验主义的发现

在我所研究的自我实现者身上，存在性认知与匮乏性认知之间到底有一种怎样的关系（97）？他们是如何将凝视与行动联系起来的？尽管在当时，我还没有从这个角度思考问题，但我现在可以做出以下回顾。首先，一如前文所述，这些自我实现者的存在性认知能力、纯粹凝视能力和理解能力都比普通人强得多。这似乎是一个程度问题，因为每个人都能偶尔存在性认知、纯粹凝视和经历高峰体验。其次，他们同时也更能采取有效行动，进行匮乏性认知。必须承认的一点是，这可能是由于我在美国挑选研究对象的附带现象，甚至可以说，这可能是因为挑选研究对象的人是一名美国人。总之，在我的研究对象中，我没有遇到过佛教僧侣式的人。再次，在我的印象中，绝大多数完人在绝大多数时候，都过着我们所谓的普通人的生活。他们购物、吃饭、保持礼貌、看牙医、担心钱、反复思考是买黑色皮鞋还是棕色皮鞋、看无聊的电影、读通俗小说。他们可能也会像普通人一样，因为被打扰而生气，见到别人的罪恶会大惊失色，等等。尽管这些反应不那么强烈，有时会更多地掺杂着同情。无论高峰体验、存在性认知、纯粹凝视出现的相对频率是多少，如果只看绝对数字，即使对自我实现者来说也是难得的体验。这是事实。尽管成熟的人会通过某些其他方式使自己全部或大部分时间生活在一个较高的层次上，比如区别手段和目的、深层和表面；更颖悟、更主动、更善于表达、与自己的爱人更深切地联系在一起，等等。

因此，这里所提出的问题，与其说是现时问题，倒不如说是终极问题；与其说是实际问题，倒不如说是理论问题。但这种两难困境之所以重要，不仅仅是因为理论上努力界定人性的可能性和限度。真正的愧疚、真正的矛盾和"真实存在精神病理学"（或许我们可以这样命名）也起源于这种困境。因此，我们必须继续竭力解决它们，同时也竭力解决个人问题。

第九章　抵抗被标签化

在弗洛伊德的概念中，抵抗（resistance）所指的是维持压抑状态。但沙赫特尔（147）已证明，除了压抑，阻碍意识过程的恐怕另有他物。我们可能简单地认为，孩子的某些意识在成长过程中被"遗忘了"。我们对无意识的初始认知抵触较弱，而对被禁锢的冲动、欲望或愿望（100）抵触更强。我也曾经试图对这两者进行区分。这些成长过程中的改变以及其他改变表明，"抵抗"这一概念有望得以延伸，即**"无论出于什么**动机，所有为达到自知所遇到的困难"都可以称为"抵抗"（体质上无能除外，例如，智力缺陷、明显退化、性别差异，甚至谢尔登式的体质决定因素）。

我的论点是，在治疗情境中，"抵抗"的另一个根源可能是，由于标签化或随意分类而引起的病人的正常反感。因为标签化使病人丧失了个体性、唯一性、有别于他人的特殊性及其具有辨识度的特性。

我在前文（97，第四章）称标签化为拙劣的认知，实际上它是一种**非**认知的认知方式。它只是为了逃避仔细、具体的观察或思考而进行的一个快速、简单的分类。正确地了解一个人，远比将他归类要更耗费精力。而后者只需要一个表明他属于哪一类的抽象特征就够了。比如说，婴儿、侍者、瑞典人、精神分裂者、女性、将军、护士，等等。标签化所强调的是这个人归属的门类，而这个人只是该门类中的一个样本，而**非**他本身。标签化所关注的不是差异，而是相似性。

在本书中，我已经论述过这样一个重要的事实：被标签化的对象普遍反感将其标签化的主体，因为这否认了他的个体特征，无视了他的个体存在以及他有别于他人的独特个性。威廉·詹姆斯于1902年的著名论断也清楚地说明了这一点："当思维去认知一个客体时，它首先将这个客体与其他客体归为一类。不过，我们也会感到，每一个对我们有着非凡意义、能唤醒我们热情的客体，也都是独特的、唯一的。如果螃蟹听到我们干脆且毫无歉意地将它归为甲壳类便草草了事，它恐怕会和人一样义愤填膺。'我不是这玩意儿，'它会说，'我是**我自己**，也仅是**我自己**。'"（70a，p10）

最近的一项研究可以作为标签化引发怨愤的例证。一位学者研究了墨西哥人和美国人对男性与女性的概念（105）。许多美国女性刚到墨西哥时，发现身为女性的自己备受男性珍视。她们所到之处，常常引起一片口哨声和惊叹，各个年龄段的男人都会热情追求她们，认为她们漂亮、珍贵，她们对此感到十分开心。对于许多美国女性来说，她们常常纠结自己的女性身份。因此，在墨西哥的体验让她们感到满意和治愈，使她们觉得自己更具女性魅力,更乐于享受女性身份,因此,她们**看起来**也**更像**女人了。

但是,随着时间的推移,她们(至少其中一部分人)不那么高兴了。她们发现,在墨西哥男性眼里,**任何**女性都是宝贵的,没有老幼、美丑、聪明和愚蠢之分。她们还发现,与美国的年轻男性相比(用一位女孩儿的话说,"如果我拒绝和他约会,他会非常受伤,以致不得不去看心理医生"),墨西哥男人对被拒绝表现得若无其事,**过于**不在意。他们好像不在乎被拒绝,转身便去追求另一个女人。但是,这意味着,对于一个特定的女人来说,她自身,作为一个人,对他来说没有特别的价值。他所热烈追求的是任意一个**女人**,而不是**她**。也就是说,这个女人和那个女人都可以,她可以被别的女人所取代。她发现**自己**并不重要,重要的是"女人"这个类别。最后,她觉得自己受到了侮辱而非青睐,因为她希望别人把她作为一个人,**她自身**来珍视,而不是仅仅因为她的性别便喜欢她。当然,对于作为"女性"被珍视的渴望比作为"人"被珍视的渴望更具有优势,也就是说,前者要求被优先满足,但在前者被满足之后,后者反而会在动机系统中占据主导地位。只有将女性作为一个特殊的人,而不是作为"女性"这个类别来看待,才有可能实现天长地久的爱情、一夫一妻制以及女性的自我实现。

青春期的少男少女只要听到"哦,这只是你必经的阶段,总会过去的",就一定会勃然大怒。这是厌恶标签化的另一个例证。对于这个孩子来说,那些经历是悲痛的、真实的、独一无二的。即便它们已经发生或即将发生在其他所有人身上,我们也不能轻视它。

最后一个例子是：一位心理医生用一句话就草草打发了第一次约见的潜在患者。他说："你这个年龄阶段都会有这样的问题。"这位潜在患者听了之后非常愤怒。事后她说，觉得自己被"草草打发"，受到了侮辱。她感觉好像被当作了一个小毛孩儿："我**不是**一个样本，我是**我**，不是其他任何人。"

探讨这些，还有助于将"抵抗"这个概念沿用到典型的心理分析中。我们通常认为抵抗**只是**一种神经症的自我防御，我们抵抗变好，或是抵抗认知令人不快的真相。因此，抵抗往往被认为是不受欢迎的、需要克服和消解、欲除之而后快的东西。然而，在上文的例子中，我们认为的病态的"抵抗"有时**或许**是健康的，至少不是病。治疗师在治疗病人时所遇到的困难，是患者拒绝接受某种解释，他们会生气、反唇相讥、固执己见。在某种意义上，这些无疑都源于对标签化的反抗。因此，这样的抵抗可以看作是在维护和捍卫个体的独特性、个性和自我，反抗对它们的攻击和忽视。这种反应不仅维护了个体的尊严，还使个体免于糟糕的心理治疗、照本宣科式的解读、"胡乱的分析"、过于理性或草率的说明和解释、毫无意义的抽象或概念化。以上所有都意味着对患者缺少尊重。请参考欧康纳（O' Connell, 129）所述的类似案例。

热切希望迅速治愈患者的新手治疗师；背下一套概念体系、认为治疗不过是向患者灌输概念的教科书式治疗师；缺乏临床经验的理论家，刚记住费尼切尔（Fenichel）的理论，就到处宣扬自己是哪个流派的本科生或研究生——这些人都是标签化者,面对他们,患者必须采取抵抗态度来保护自己。即便这些治疗师刚刚接触患者,也敢轻率地发表意见:"你这是肛门性格""你想控制所有人""你想跟我上床",或是"你想跟你父亲生孩子"等[1]。把这种反对标签化的正当自我保护反应称作传统意义上的"抵抗",不过是在滥用概念。

所幸,我们可以看到,一些对患者负责的心理医生也在反对标签化。比如说,开明的心理治疗师往往会背离分类学、"克雷丕林型"或"州立病院"精神病学。从前,心理治疗师主要设法给病人下诊断,有时甚至只是在给病人下诊断。比如说,将某个病人归为患有某一类疾病。但是,经验证明,诊断是出于法律上和管理上的需要,而不是为了治疗病人。现如今,即便是在精神病医院里,也已经有了这样的共识:教科书上的标准病人是不存在的。碰头会上的诊断书越来越长,内容也越来越丰富、复杂。简单、粗暴的标签化治疗日趋式微。

如今我们公认,如果主要目的是心理疏导,就应该将患者视为一个独一无二的人,而不是某一类别的一分子。了解一个人,不是将其归类和标签化。而且,了解一个人是进行治疗的**必要条**

---

[1] 当心理医生处于生病、疲劳、心事重重、焦虑、毫无兴趣、不尊重患者、赶时间等状态时,他们标签化(而非使用具体的、个案的、以患者为中心的经验语言)的倾向往往会更强,即使最优秀的心理医生也无法完全避免这种问题。因此,这一点也有利于心理医生对于反移情的自我分析。

件。

小 结

人们普遍讨厌被标签化,认为这是在否认他们的个性(自我)。只有以人们容易接受的各种方式去重新肯定他们的个性,才可能得到他们的回应。在心理治疗中,我们应该感同身受地理解这些反应,将它们视为对个体尊严的维护。无论在**任何情况**下,这些反应都是因为在治疗中受到了严重抨击才产生的。因此,我们不该将这些自我保护反应称作"抵抗"(从预防疾病策略的意义上来说);假如非要将其称为"抵抗",那么就必须扩展"抵抗"这一概念,使其将所有不利于达成共识的障碍都纳入在内。另外,还需指出,这种抵抗是一种极为宝贵的保护机制,可以使患者免于被糟糕的心理治疗所害。

第十章　自我实现者的创造力

在我开始研究积极健康、发展成熟和实现自我的群体之后,我对创造力的看法便发生了很大的变化。我不得不摒弃之前对于心理健康、天赋、才能和创造力的刻板印象。在我的研究对象中,有很大一部分人,在我即将论述的某些特殊层面上,可以说是健康并且富有创造性的,但从一般意义上来说,他们**并没有**多少创造性。他们既没有非凡的才能或天赋,也不是诗人、作曲家、发明家、艺术家或是极富创造力的知识分子。还有一点非常明显:一些伟大的天才在心理方面会存在一些问题,比如瓦格纳、凡高或是拜伦。显而易见,有些天才心理健康,有些则有心理问题。因此,可以得出这样一个结论:伟大的天赋或多或少地独立于美德或心理健康,而且,我们对其中因由知之甚少。例如,有证据表明,伟大的音乐天才和数学天才往往天资超凡,而不是后天习得(150)。由此我们可以发现,心理健康和特殊天赋是两个相互独立的变量,这两者之间可能仅有一点儿关联,也可能毫无关联。我们也得承认,现阶段的心理学对天才所具有的特殊才能还知之甚少。对此我不再赘述。在本章中,我只讨论一种更为广泛的创造性：一种每个人从出生起都会继承的、普遍的创造力。它与心理健康为共变关系。

此外，我也发现，我与大多数人一样，总是用作品来衡量创造性；其次，我会下意识地将创造性局限在某些传统的学科领域。我总是下意识地觉得，**任何**画家、诗人和作曲家都过着富有创造性的生活，任何理论家、艺术家、科学家、发明家和作家都极富创造力，而至于其他人，则只能对创造性望尘莫及。我曾经还下意识地认为创造性是某些专业的从事者所独有的特质。

但是，一旦接触了各种不同的研究对象，这些想当然的想法自然就变得无法立足。例如，有一位女性，没受过良好教育，经济条件也不好，还是一位全职家庭主妇，在家看孩子。在传统意义上，她没有做过任何具有创造性的事。但是，她却是一位出色的厨师、母亲、妻子和主妇。她总能只花费一点点钱，就把家里收拾得漂漂亮亮。她是一位完美的女主人：她做的饭菜丰盛可口。她在挑选亚麻布料、银器、杯子、陶器和家具上的品位无可挑剔。在以上所有方面，她都是别出心裁，心灵手巧，匠心独运的。我**完全可用**创造性这个词来形容她。从她和其他类似的研究对象那儿，我明白了这样一点：一份一流美味的汤品，要比一幅二流品味的画更具有创造性。我也明白了，通常来说，烹饪、为人父母或是打理家务可能比作诗更具创造性。

我的另一个研究对象则投身于最广义的社会公益服务中，她包扎伤口，帮助受欺负的人。她不仅自己做这些事，还组织其他人一起做。为了帮助更多的人,她建立了一个组织。这就是她的"创造"之一。

还有一位研究对象是心理医生。他是一个"纯粹"的临床医生,他从不写论文,也不发明理论或进行研究,但是他每天乐此不疲地在工作中帮助他人创造他们自己。这位医生认真对待每一位患者,将每位患者都看作这世上独一无二的珍贵个体;他不会向患者背专业术语,不对患者设立预期,也不预先假定;他天真、单纯,却有道家的大智慧。每一位患者都是独一无二的个体,因此,每位患者的问题都是全新的,需要用全新的方式来理解和解决。无论多么复杂的病例,到他手里都能迎刃而解。由此可证,他是充满创造性的(而非老套或传统的)。而另外一位研究对象让我明白了,创立一个商业组织,也可以是一个具有创造性的活动。还有一位年轻的运动员让我感受到,一个完美的抱摔动作也可以像十四行诗一样,它们都是美的产物,都需要同样的创新精神才能完成。

也就是说,我现在明白了,"创造性"这个词(以及"审美"这个词)不仅可以用来形容作品,还可以用来形容人们的性格,以及活动、过程和态度。另外,我也知道了,"创造性"这个词可以用来描述很多成果,而不应该只局限在标准的、传统的诗歌、理论、小说、实验和绘画上。

如此一来,我发现,我们有必要将"特殊才能的创造性"和"自我实现的创造性"区分开来。后者更多是从性格上演变而来,在日常生活中更为常见。例如,有些人具备某种幽默感。这种创造性就像一种倾向,即做**任何**事,比如做家务和教学,都具有创造性。通常来说,自我实现创造力中有一个必不可少的方面,即一种特殊的洞察力。童话故事中那个看到皇帝没穿衣服的小孩儿,就拥有这种特殊的洞察力(这与有成果才有创造力的概念相矛盾)。有特殊洞察力的人不仅可以看到平凡的、抽象的、标签化的、分类化的、分级的事物,还可以看到新鲜的、真实的、具体的、独特的东西。因此,他们活在更加真实、本质的世界里,而不是那个充满概念、抽象、空想、信条和偏见、用言语构建出来的世界里。而对于大部分人来说,他们往往会把后者与真实的世界相混淆(97,第14章)。罗杰斯所说的"经验的开放性"就准确地表达了这一点(145)。

相对来说,我的研究对象们比普通人更加随性、更具表达力。他们更"自然",行为上也更少地受限、被抑制。他们的行为似乎更轻松自如,不那么封闭,也少有自我批评。事实证明,自我实现创造性的关键,正在于这种不受限制、不惧非议地表达思想和冲动的能力。罗杰斯用"全面发展的人"这一说法来形容这种健康状态(145)。

我的另一个观察结果是:从很多方面而言,自我实现的创造性如同**所有**快乐和无忧无虑的孩子所具有的创造性一样。它是自发的、轻而易举的、天真的和简单的,是一种摆脱了陈规陋习和陈词滥调的自由。在很大程度上,这种创造性是由"纯真"的认知自由、"纯真"且不受约束的自发性以及表达能力组成的。与成人相比,几乎所有孩子都能更自由地感知。他们不会有一种"那里应该有什么、那里必须有什么或是这里从前有什么"的先验预期。几乎所有孩子都可以即兴创作一首歌、写一首诗,编一支舞、画一幅画,发明一种游戏,无须计划或提前打算。

正是从这种孩童般的层面上来讲,我的研究对象们是富有创造性的。不过,毕竟我的研究对象们不是孩子(而是五十岁到六十岁年龄段的人)。因此,为了避免误会,我们暂且称他们保留下来了或是重新获得了两种重要的童真。其一,不墨守成规,或者说具备"经验开放性";其二,他们可以轻而易举地做到自然而然,善于表达。如果我们说孩子是天真烂漫的,那么,就像桑塔亚那(Santayana)所说的那样,我的研究对象们获得了"第二次天真"。他们纯真的认知和表达能力与他们成熟的思想结合在了一起。

我们正在讨论的听起来好像是人性中内在的一种基本特征。所有人,或者说大部分人,从一出生就具备这种潜能,但随着人们逐渐适应了某种文化,这种潜能往往就被丢失、埋没或是抑制住了。

我的研究对象还有另一个与众不同的性格特质,这也使得他们富有创造性。面对未知、神秘和困惑,自我实现者不像常人那样害怕。相反,他们常常还会被吸引。他们会选择性地从中挑出一样苦苦思索,绞尽脑汁。此处引用一段我对此的描述(97, p.206):

"他们不会忽视、否定、逃避未知,也不会假装它是已知的,也不会组织、区分未知,或对未知进行分类。他们并不依附于熟悉的事物,也不会像在戈尔茨坦所述的那些脑部损伤者或强迫性神经症患者那里所看到的夸张例子那样,出于对确定性、安全感、明确性和秩序的极度渴望而去探求真理。当总体客观情况需要时,他们可以任由这种惬意无序发生,他们可以是慵懒的、反常的、混乱的、模糊的、疑惑的、不确定的、不明确的、粗略的、不精确的或是不准确的(在科学、艺术或一般生活中,这种状态在特定时刻是可取的)。"

"因此,就催生出了疑虑、迟疑和不确定,随后必然会导致无法做出决定。对于大多数人来说,这都是一种折磨。但是对于有些人来说,这是一种愉快而刺激的挑战,是人生的高潮,而非低谷。"

我曾经观察到这样一个使我困惑多年的现象,我在前文也曾经提到:自我实现者往往有能力解决二分法问题。但如今,我明白了。简单来说,我发现有很多两极对立的东西,我们应该用不同的眼光去看待,而不是像所有心理学家那样理所当然地视之为直线延续体。以曾经困扰我的第一个二分法为例,我无法确定我的研究对象是自私的还是无私的(看看,我们就是这样不由自主地滑入二选一的窘境。当时困扰我的这个命题,其本身就隐含着"这一种多,另一种就少"的思维)。但是迫于我所观察到的事实,我不得不放弃这种亚里士多德式的逻辑。从某种意义上来说，我的研究对象们很无私，但是从另外一种意义上来说，他们也非常自私。自私与无私融为一体，但并不互相矛盾，而是形成了一个敏感动态的综合体。这与弗洛姆在其对于健康的自私的论述中所阐述的观点很像(50)。我的研究对象以这种方式把对立的两极结合在一起，这让我意识到：将自私和无私看作是相互矛盾和相互排斥的，这本身就是人格发展低下的特征。还有很多类似的其他两极对立，在我的研究对象身上，最后都归为了一个整体。本来相对立的认知与意欲（就像感性对理性，愿望对事实），最后却变成了由意欲"构成"的认知，直觉和理性也是如此。义务变成了快乐，快乐与义务相融合。工作和娱乐之间的分界线也变得模糊了。当利他主义变成了利己的快乐，利己的享乐主义又怎么会与利他主义相对立呢？他们是人类中最成熟的一个群体，但同时，他们也非常童真。他们具有最强大的自我，是最有个性的个体，但同时他们也最可能放弃自我、超越自我、以问题为中心(97, pp.232-234)。

就好似伟大的艺术家，可以将不和谐的色彩、不相符的形状和不协调的事物组合成一个和谐的整体。伟大的理论家也是如此，他们可以将令人费解和前后矛盾的证据拼接在一起，形成一个理论，我们才会发现那些矛盾竟是相互佐证的。伟大的政治家、治疗师、哲学家、父母和发明家都是如此。他们全都是整合者，能够将分离的，甚至是相斥的东西整合成一个整体。

我们在这里所说的是，个人内部的整合及反复整合的能力，及个人将所做的所有事整合在一起的能力。从这个方面来说,创造性具有建设性、合成能力、统一性和结合性,在一定程度上创造性取决于个人的内在整合能力。

这种现象的根由,在我看来,部分是因为我的研究对象相对而言都比较大胆。很明显的一点是,他们很少被某种文化同化;也就是说,他们并不害怕别人的评价、要求或是讥笑。他们不太需要他人,也不太依赖于他人,因此,他们不太惧怕他人,对他人的敌意也很少。更重要的一点是,他们不惧怕自己的内心,不惧怕冲动、情感和想法。相对于一般人,他们自我接受的程度更高。他们认可和接纳更深层次的自我,因此,他们更可能勇敢地认知世界的真实本质,也会让他们的行为更具自发性(而控制、抑制、计划、"意愿"和设计也都会更少一些)。即便自己的想法可能有些可笑、愚蠢或者疯狂,他们也不会感到害怕。他们不太害怕被他人嘲笑或是遭人否定。他们可以让情感自然流露。相比之下,普通人和神经病患者往往在内心筑起围墙,以抵挡多是源自内心深处的恐惧。他们控制、压抑、抑制和压制。对于更深层次的自我,他们不认可,同时希望别人也不要认可。

我要说的是,我的研究对象的创造力似乎只是他们更大整体和整合的附属品,而这也就是自我接受所包含的东西。在普通人的内心里,往往有内在深层自我和对其进行防御控制这两股力量,它们持续冲突,引发内战。而对于我的研究对象来说,这种冲突似乎得到了解决,因此,他们很少会分裂,很少耗费时间和精力进行自我对抗。因而，他们有更多的自身力量可以用来使用、享受和创造。

我们在前几章中所讨论的关于高峰体验的认识，支持并充实了这些结论。这些也是完整的整合体验。在一定意义上，这些体验与我们所感知的世界里的整合是同构的。也是通过这些体验，经验的开放性得以增强，自发性和表现力也得以增强。不仅如此，个体内心中的这种整合性的一个方面，在于对深层自我的认可与触及，因此，创造性的深层根系（84）也变得更能为我们所用。

初级、次级和整合的创造性

在此处，传统的弗洛伊德理论对我们用处不大，甚至在一定程度上与我们的临床资料相悖。从根本上来说，弗洛伊德的传统理论是（或者说曾经是）本我心理学，是对本能冲动及其变化的研究。而且学界认为，弗洛伊德的基本辩证逻辑说到底就是冲动和抑制冲动。但是，相比为了理解创造力来源（以及娱乐、爱、热情、幽默、想象力、幻想）而去抑制冲动，有一点更为重要，那就是所谓的初级过程。这个过程的本质是认知，而非意欲。只有将注意力转向人类深层心理学的这一个方面，我们才会发现，自我心理学的精神分析［克里斯（84）、米勒（113）、艾伦茨威格（39）、荣格心理学（74）］和美国自我成长心理学之间，存在很多一致之处(118)。

对于普通的、有常识的、适应良好的人来说,将自己向正常方向调整,意味着有效而持续地排斥人性的深度,无论从意欲层面,还是认知层面,都是如此。要想良好地适应真实世界,就意味着人格的分裂。也就是说,个体需要背离自身,因为自身中的某些方面会使其陷入危险之中。但我们已经明白,如果这样做,人们同时也会失去很多。因为这些自身中更深处的东西,是所有欢乐的源泉,是玩耍、爱、大笑这些能力的源泉。最重要的一点,它也是创造性的源泉。为了保护自己而去抑制自我内部的危险因素,也会让自己无法体会自我内部的快乐。如此一来,在极端情况下,会出现一种强迫自我的人。他们了无生气、严格、呆滞、冷酷、克制、谨慎,他们不会笑,不会玩,不会爱,不会犯傻,不相信别人,也从没有孩子气。他们的想象力、直觉、柔软、情感往往都会被扼杀或扭曲。

作为一种治疗方法,归根究底,精神分析的目的在于整合。所谓整合,就是通过顿悟来治愈基本的分裂,以便使曾经被抑制的东西变成意识或前意识。但是,我们可以将其作为研究创造性深度来源的结果,进行再次调整。我们与初级过程的关系,以及我们与不获接纳的愿望的关系,这二者是不尽相同的。我所发现的最主要的区别就是,我们的初级过程并不像遭到禁止的冲动那样危险。在很大程度上,初级过程并未受到抑制或是限制,只是被"遗忘",或是被放弃,被压抑住(而非被压制住),因为我们不得不调整以适应严酷的现实,而这个现实要求有目的的和实用主义的努力,而不是空想,搞什么诗情画意,只顾着玩。或者,也可以这么说,在一个富裕的社会里,对于初级思想过程的抵制肯定要少得多。我们都知道,教育过程对于缓解本性的压抑没有什么作用,但在接受和整合初级过程,将其变为意识和前意识方面可以起到很大作用。从理论上来说,艺术、诗歌、舞蹈方面的教育对此也将非常有益。动力心理学方面的教育同样也大有可为。比如说,多伊彻和墨菲的"临床访谈"使用的就是初级过程语言(38),我们可以将其视为一种诗歌。马里恩·米尔纳的杰作《论无法绘画》,也非常契合我的观点(113)。

对于迄今为止我所探讨的这种创造力,爵士乐或儿童画里的即兴创作是最好的例证。而那种被指定为"伟大"的艺术品,并非我在此探讨的创造力。

首先,伟大的作品的确需要伟大的才能。但事实上,这与我们要讨论的东西并不相关。其次,伟大的作品不仅需要亮点、灵感和高峰体验,更需要刻苦的努力、长期的训练、无情的批评和严苛的标准。换言之,自然反应之后,需要的是深思熟虑;全盘接受之后,需要的是批评;直觉之后,需要的是严谨考量;勇敢之后,需要的是谨慎;幻想和想象之后,将要面对的便是现实的考验。要这样问自己:"这是真的吗?""其他人能够理解吗?""它严谨吗?""它经得住逻辑考验吗?""它能应用于现实社会中吗?""我能证明它吗?"这样一来,就会导致比较、判断、评价、冷漠、事后评估、筛选和拒绝。

也许可以这么说：此时，次级过程替代了初级过程，理性的阿波罗神替代了非理性的酒神，"阳刚"替代了"阴柔"。迈向深度自我的自发回归已经停止。为了获得灵感或高峰体验所必要的被动性和感受性，现在必须让位于行动、控制和努力。在个体身上，高峰体验是偶发的，可遇而不可求的。但人却可以**创作**出伟大的作品。

严格来说，我只针对第一阶段进行了研究，这个阶段比较容易，它是已经整合的个体所进行的自发表达，或者说是个体内心中的短暂统一。只有当一个人可以接触到深层的自我，只有当一个人不惧怕自己的初级思想过程，才可以达到这个阶段。

这种从初级过程发展而来，对初级过程的利用要远远超过次级过程的创造力，我将之称为"初级创造力"；对于主要基于次级思想过程的创造力，我称之为"次级创造力"。世界上的大部分成果都属于后者，比如桥梁、房屋、新汽车，甚至还包括很多科学实验和文学作品。从根本上说，这些全都是对其他人思想的巩固和发展。两种创造力之间的差别，类似于突击队和后方宪兵队之间的差别，也类似于拓荒者和定居者之间的差别。而对于那种以良好融合或良好演替的方式轻松完美地运用两种过程的创造力，我称之为"整合创造力"。正是由于这种创造力，才会出现伟大的艺术、哲学和科学作品。

结　论

在我看来，以上发现可以概括为，在关于创造性的理论上强调整合（或自我一致性、统一性和整体性）的作用，将分歧转化为一个更高级的、包容性更强的统一体，相当于治愈了一个人的分裂，使其更加统一。因为我一直所说的分歧是存在于人内心之中的，也就是有一种内心斗争，即一个人的一部分与另一部分进行的一系列对抗。在任何情况下，就自我实现的创造性而言，它似乎更直接地来自初级和次级过程的融合，而非来自禁止冲动和愿望，或是压抑和控制。当然，出于害怕这些被禁止的冲动，因而产生防御，也可能把初级过程压低到有关所有深度的斗争中，这种斗争是全面的、不加区别的，令人恐慌的。但是，这种情况似乎并不属于原则上的需要。

总而言之，自我实现的创造性首先强调的是人格，而非成就。毕竟，这些成就只是人格的附带现象，所以，对于人格来说它们是第二位的。自我实现的创造性强调的是性格特质，比如大胆、勇敢、自由、自发、明晰、整合和自我接受。这些特质使得自我实现的广义创造性成为可能，具体表现是创造性的生活、态度和人。还要强调一点，自我实现创造性的表达力和本性这些特质，并不是解决问题和制造产品的特质。自我实现的创造性呈扩散形态，向外辐射，影响到生活的方方面面，与问题无关。就好像一个快乐的人会没有目的、没有计划,甚至无意识地将快乐"扩散"。这种扩散好似阳光普照大地,将温暖传递到每一个角落,使得(能够成长的东西)茁壮生长,但如果照射在石头和其他无法生长的物体上,只能是一种浪费。

最后,我也很清醒地意识到,我一直想要打破那种关于创造力的陈旧概念,却没能给出一个好的、定义清楚的、精确的新概念。我很难给自我实现的创造性下一个定义,因为有时它似乎与心理健康等同。莫斯塔克斯(Moustakas)就曾有过这样的观点(118)。归根到底,自我实现或心理健康肯定会被定义为实现最完全的人性,或是人的"本性"。如此说来,自我实现的创造性几乎等同于基本人性,或者说,它是基本人性的一个要素,或是本质特征。

第四编
价　值

第十一章　心理学数据和人的价值

几千年来，人本主义者一直力求构建一种自然主义的心理价值体系。这种价值体系来源于人的本性，而不必依赖人自身之外的权威。历史上，这样的理论比比皆是。但往往一旦将其应用于公众身上，这些理论如所有其他理论一样，都归于失败。如今，世界上的恶棍与从前一样多，而神经病患者可能比以前还要**多得多**。

这些不完善的理论大部分依靠的是这样或那样的心理假设。现如今，我们已经有了足够的知识，来证明这些理论实际上都是错误的、不充分的、不完整的，或者有其他缺陷。但是我坚信，近几十年中，心理学在科学和艺术上已经有了一定的发展，我们可能终于可以有信心，通过努力研究来实现这个古老的愿望。我们已经知道如何去批判那些旧的理论，尽管还有些模糊，但我们也已经看到了新理论的形态。最重要的是，我们知道了要从哪里、做什么来填补知识上的空缺，从而使我们可以解答这些古老的问题："什么是好的生活？什么是好的人？如何才能使人选择过好的生活？怎样培养儿童，才能使他长成一个健康的成年人？等等。"也就是说，我们认为，构建科学的伦理观或许是可能实现的，而且我们知道要如何去构建它。

下面章节中，我将简要探讨几种有望成功的证据和研究方法，及其与过去和未来的价值理论的相关性。我也会探讨，在不久的将来，我们在理论和现实中必将取得的进展。保守地讲，这些研究方法不一定能够实现，只能说或多或少有可能实现。

自由选择实验：内环境稳定

无数次实验证明，如果有足够的选择余地，能够自由做出选择，所有种类的动物天生具有一种选择有益的食物的能力。即便在非正常条件下，这种生理上的智慧也常常能够得以延续。举例来说，如果能自主选择，肾上腺被切除的动物能够重新调整自己的食物，来维持自己的生命。怀崽的母兽也会恰当地调整自己的饮食，来适应胎儿的成长需要。

现如今，我们明白，这种智慧远非完美无缺。仅凭口味决定饮食是不够的。身体对维生素的需要就无法通过口味反映出来。比起高等动物和人，低等动物更能避开毒物，保护自己。先前形成的选择习惯可能会掩盖现在的代谢需要（185）。最重要的是，尽管这种智慧可能没有完全丧失，但在人类身上，尤其是神经病患者身上，各种各样的力量会干扰身体的这种智慧。

这个普遍原理不仅适用于对食物的选择上，对身体的各种其他需要也适用。著名的内环境稳定实验已经证明了这一点

(27)。

比起二十五年前，如今这一点变得更加明确了：一切有机体都能进行自我管理和自我调节，具有自主性。因此，我们应当信任有机体，我们逐渐懂得要去相信婴儿的内在智慧，包括选择食物、断奶时间、睡眠量、如厕训练的时间、活动需要和许多其他东西。

然而近来，我们也逐渐发现，选择主体是有好有坏的。尤其对于身体或精神患病的人来说，更是如此。精神分析学家也告诉我们，选择行为背后隐藏着许多原因，我们也开始学着尊重这些原因。

关于这点，有一个令人吃惊的实验(38b)，它充满价值理论的意味。如果允许小鸡广泛选择食物，我们就会发现，不同的小鸡挑选有益食物的能力有很大区别。会挑选的小鸡会长得又大又强壮，比不会挑选的小鸡更占优势，也就是说，会挑选的小鸡获得了最好的东西。如果将会挑选的小鸡挑选出来的食物强行喂给不会挑选的小鸡，后者也会长得更强壮、更大、更健康、更占优势，但永远不能达到前者的水平。换句话说，会挑选的小鸡比不会挑选的小鸡，更懂得选择适合后者的食物。如果在人类身上能够得到类似的实验数据（我认为是可以的，因为有大量辅助性的临床数据），那么我们必将可以重新构建各种理论。就人的价值理论来说，如果不加甄别地对所有人的选择进行统计，那么这样的理论一定是不完善的。把会选择的人和不会选择的人、健康人和病人的选择进行平均是没有意义的。只有健康人的选择、品位和判断才能告诉我们，从长远来看，什么对人类有好处。而神经病患者的选择，多半只能告诉我们，怎样才能一直患有神经官能症。而脑损伤患者的选择，只能有助于防止灾难性崩溃。一个肾上腺被切除的动物的选择，可以帮它维持生命，但同样的选择却很有可能使一个健康的动物死亡。

我认为，大部分享乐主义者的价值理论和伦理理论正是在这个问题上触了礁。我们不能在病理激发的快乐与健康激发的快乐中间取平均值。

此外，任何伦理准则都无法避开体质差异这一事实，不仅小鸡和小白鼠如此，人类也同样如此。谢尔登（153）和莫里斯（Morris, 116）对此也有过阐述。有些价值观为（健康的）人类所共有，而有些价值观则**不然**，只有某类人或者特殊个体才具有。我所说的基本需要，可能是所有人共有的，因而是共同价值观。但是，特殊需要产生的则是特殊价值观。

体质差异导致个体产生各种有关自我、文化和世界的偏好，即产生了价值观。这些发现和临床医生在个体差异方面的普遍经验相互佐证。这一点也符合人种学的研究。为了解释文化多样性，人种学数据假定，由于受到剥削、抑制、认可或非难，每一种文化都会从人的体质发展潜力区间中选择一小段。这也完全符合生物学的数据和理论以及自我实现理论。这些观点认为，器官系统迫切希望表现自己，也就是发挥作用。肌肉发达的人喜欢使用肌肉，而要想完成自我实现，他也**必须**使用肌肉，这样他才能有一种和谐的、无拘束的、令人愉悦的主观感受，感到自己在发挥作用。而这是心理健康很重要的一个方面。聪明的人一定会施展自己的聪明才智，有眼睛的人一定会使用自己的眼睛，有能力去爱的人就会有去爱的**冲动**和**需要**，这样才能感到健康。能力渴望被使用，只有将它们充分利用，才能使这种渴望消停下来。也就是说，能力就是需要，因而也是内在价值。在这个意义上，能力不同，价值观也会存在差异。

基本需要及其层次排序

生理需要和心理需要都是人类内在结构的一部分。因此，人类不仅有生理需要，也真切地存在心理需要，这一点现在已得到充分证实。这些需要可以被看作是一种匮乏性需要，必须由环境来将其满足，以免患上身体或精神上的疾病。它们可以被称作基本需要或生物性需要，就好像人对盐、钙或维生素D的需要一样，因为：

1.需要被剥夺的人，对满足这些需要抱有持续渴望。

2.剥夺这些需要，会使人患病或衰弱。

3.满足需要就能起到治疗作用，医治匮乏性疾病。

4.不断满足需要可以预防这些疾病。

5.健康（需要得到满足）的人不会表现出这些匮乏性需要。

但是，这些需要或价值并不是孤立存在的，它们按照强度和优先次序，以分层的和发展的方式相互联系。举例来说，安全需要比爱的需要更具有优势、更强烈、更迫切，也更重要，而对食物的需要通常比对安全和爱的需要还要强烈。此外，**所有**这些基本需要的满足都可以被视为完成总的自我实现的各个步骤，都可被纳入自我实现的总过程中。

由此，数百年来哲学家们苦苦求索却徒劳而终的价值问题，终于可以得到解决了。对人类来说，**看似存在**一个单一的终极价值，一个所有人都为之努力的遥远目标。在不同的学者那里，它的叫法各异。可以叫自我实现、自我完成、整合、心理健康、个性化、自主性、创造性或生产力，等等。但是，所有这些学者都赞同，这个目标就是实现人的潜能。换言之，使人实现完满人性，成为他**可能**成为的一切。

但事实上，个体自己并不了解这一点。我们，作为心理学家，通过观察和研究创造了这个概念，用来整合和解释各类的数据。但对个体自身来说，他**只知道**自己极度渴望爱，认为自己一旦得到爱，就会永远感到快乐和满足。他事先并不知道，这个需要得到满足**后**，他还会继续追求别的目标，一个基本需要得到满足后，另一个"更高层次的"需要就会支配着人的意识。对他来说，任意一个于特定时期在其需要层次中占支配地位的需要，都是他要追求的**绝对**价值和终极价值，也就是生命本身。因此，这些基本需要或基本价值**既可以**被当作目的，**又可以**被当作通往单一终极目标的其中一步。的确，我们只有一个单一的终极价值或人生目的，但是我们同时也有一个分层的、发展的价值观体系，这个体系中的各种价值观错综复杂地联系在一起。

需要层次理论也有助于解决存在（Being）和形成（Becoming）之间明显存在的对立矛盾。的确，人在永恒地追求终极人性，但不管怎样，这个目标本身也是另一种形式的形成和成长（growing）。我们仿佛注定永远都在力求达到这种状态，却永远也达不到。所幸，我们知道事实并非如此，或者至少不仅仅是如此。这其中还有另外一个真相：好的"形成"使我们一次又一次地获得回报，也就是获得了高峰体验，即绝对存在的短暂状态。基本需要的满足给我们带来许多高峰体验，每一次高峰体验本身就是一种完全的愉悦和完美，我们不再需要高峰体验以外的东西来证明自己的人生。这也说明以下这样一种想法是错误的：在人生道路终点之外的某个地方有一个天堂。实际上，当我们在日常生活中奋勇向前时，天堂一直在路边潜伏着等待我们，时不时地，我们就可以跨入天堂并享受它。一旦跨进天堂，我们就会永远记得它，当我们遭受压力时，对于天堂的记忆可以支撑我们前行。

不仅如此，从绝对意义上说，每时每刻的成长过程本身就有奖励和内在乐趣。即便它们不是高山式的高峰体验，至少也是丘陵式的体验，是对于绝对的一瞥，是自我证实的欣喜，是短暂的存在时刻。存在和形成**不是**互相对立或相互排斥的。路径与抵达本身都是一种享受。

在此，我应当讲清楚，我想要区分向前（成长和超越）的天堂同向后（退行）的天堂。"高级涅槃"完全不同于"低级涅槃"，虽然许多临床治疗师习惯把二者混为一谈（见170）。

自我实现：成长

我在别处已发表过一篇调查报告，在文中，我总结了所有促使我们向健康成长和自我实现的倾向转变的证据（97）。这些证据部分是演绎性的，也就是说，它们指出，如果我们不做出这样的假设，那么许多人类的行为就会丧失意义。这和我们发现一颗已经存在但尚未被人见过的行星一样，是基于同样的科学逻辑。**正因为**某物存在，许多观察到的数据才变得有意义。

除此之外，也有很多直接证据，至少是近乎直接的证据来支持这个观点，但还需要进一步的研究才能完全确定。据我所知，我的研究是对于自我实现者的唯一直接研究。然而，鉴于可能出现抽样和投射上的误差，我们显然不能根据一位学者做的一项研究就得出结论。不过，罗杰斯、弗洛姆、戈尔斯坦、安吉亚尔、默里、摩斯塔卡斯、布勒、霍妮、荣格（Jung）、纳丁（Nuttin）等人在临床和理论层面所得出的结论，都与我的结论相似。因此，我有理由认为，即便进行进一步研究，所得结论也不会与我目前的发现有太大差异。现在，至少可以确定，我们已经举出一个合理的、兼具理论性和实证性的案例，证明在人的内部存在着一种朝着某个方向成长的趋势或需要，这个方向通常可以被概括为自我实现或心理健康。或者，也可以把它具体描述为，向自我实现的各个方面和各个子方面成长。这就是说，个体内部有一种压力，指向人格的统一性和自发的表现力，指向完全的个性化，指向探索真理而不是耽于无知，指向创造，指向更好的方向，等等。也就是说，个体的构造，使得他变得越来越完善，成为完满的存在，而这也就意味着，他坚持朝着大多数人称作是美好价值的方向前进，朝着安宁、仁慈、英勇、诚实、热爱、无私、善良的方向前进。

尽管对于这些高度进化的、最为成熟的、心理最健康的个体的直接研究很少，对于普通人的巅峰时刻（即获得短暂自我实现）的研究也不太丰富，但是，我们依旧可以从中获得很多启示。这是因为他们在实证和理论层面上，都是最完满的人。比如说，他们保留和发展了作为人所拥有的能力，尤其是保留和发展了那些使人之所以为人、将人和猿猴区分开来的能力［这符合哈特曼（Hartman）解决同一个问题时所持的价值论，他把好人定义为拥有更显著的"使人之所以为人"的特征的那些人］。从发展的观点来看，这些个体是发展更完善的人，他们没有停留在不成熟、不完善的成长水平上。与分类学家选择最具代表性的蝴蝶样本或医生选择身体最健康的年轻人作为研究对象相比，我的这种做法并没有比他们更具神秘主义、先验或问询倾向。他们也和我一样，寻找"完善的、成熟的、出色的样品"作为样本。从原则上来说，程序是可以重复的。

我们不仅可以用"人类"概念的满足程度来定义完满人性（比如物种的标准），还可以给它一个描述性的、分类的、可以衡量的心理学定义。根据一些刚开始的研究和大量的临床经验，我们目前已经部分掌握了充分进化的、发育良好的人类的概念。我们不仅可以中立地描述这些特征，它们在主观上也令人满意、快乐和充实。

在健康人的样本中，可以被客观地描述和衡量的特征有：

1. 更清楚、更有效地认识现实；
2. 对经验更加开放；
3. 整合性、完整性和统一性提高；
4. 自发性、表现力增强；全速运转；富有活力；
5. 具有真实的自我；个性稳定；独立自主，独特性；
6. 客观性增强，超然，自我超越；
7. 创造性得以恢复；
8. 具备融合具体和抽象的能力；
9. 性格结构较为民主；
10. 拥有爱的能力，等等。

尽管所有这些特征还有待于进一步的研究和确认，但这些研究显然是切实可行的。

此外，他们往往会在主观上肯定自己的自我实现和接近自我实现，并反复巩固这一肯定，包括在生活中感到趣味、幸福或欣快感、宁静感、快乐感、平静感、责任感，并信任自己处理压力、焦虑、问题的能力。而自我背叛，固着，退行，出于畏惧而不是出于成长而生活，在主观上则表现为焦虑、绝望、厌烦、没有欣赏能力、内在的罪恶感、内在的羞愧感、盲目性、空虚感、缺乏同一性等感受。

这些主观反应也很容易研究。我们有研究这些问题的临床技术。

我断定，我们可以对自我实现者的自由选择（在那些情境中，真实的选择可能来自多种可能性）进行描述性研究，并将其作为自然的价值体系进行研究。在这种研究中，观察主体的希望是无关紧要的，换句话说，这种研究是"严谨的"。我不会说，"他应该选这个还是那个。"我只会说，我观察到，"健康人在被允许自由选择的情况下，选择了这个还是那个。"这就好像问："最好的人的价值**是什么**？"而不是："他们的价值**应该**是什么？"抑或是："他们**应该**成为什么样的人？"（请把这种看法与亚里士多德所信仰的"只有那些对好人来说有价值、令其愉快的东西才是真的有价值、令人愉快的东西"比较一下。）

另外我也认为，这些结论可以被推广到大多数人身上。因为在我看来（也在其他人看来），好像大多数人（也许是所有人）都有自我实现的倾向（这一点在心理治疗，尤其在暴露治疗实践中最为明显）。而且，至少在原则上，好像大多数人都**能**自我实现。

如果现行的形形色色的宗教文化都可**被看作**是人类愿望的

表达,也就是说,从宗教中,我们可以看出,如果可以为所欲为的话,人们**最想**做的事情是什么。那么,我们也可以看出,所有人都向往自我实现,或者说,都趋向于自我实现。之所以这么说,是因为我们所描述的自我实现者的实际特征,与宗教规劝的理想有很多相似之处。例如,超越自我,真、善、美的融合,奉献、智慧、诚实和自然,超越自私和个人动机,摒弃"较低层次"的欲望代之以"更高层次"的向往,认清目的(宁静、平静、和平)和手段(金钱、权力、地位),减少敌意、残酷和破坏性行为,增加友好、善意,等等。

1.基于所有这些自由选择实验,基于动机理论的动态发展,基于心理治疗的诊查,我们可以得出一个极具革命性的其他任何文化都未曾企及的结论,即我们深蕴内心的需要本身**并不是**危险的、邪恶的或有害的。这将使我们有望解决人的内在分歧,即解决阿波罗神和狄奥尼索斯神、经典和浪漫、科学和诗意的分歧,以及解决理性和冲动、工作和玩乐、言语和前言语、成熟和幼稚、男性和女性、成长和退行之间的分歧。

2.与人性哲学的转变相对应,出现了这样一种社会潮流:把文明视为满足、阻挠或者控制人的需要的工具。现在,对于"个人利益和社会利益**必然**相互排斥和对立"以及"文明是控制、监管人类本能冲动的主要机制(93)"等老掉牙的普遍论调,我们可以嗤之以鼻了。这不过是一种地方主义的错误。如今,我们可以赋予健康文化新的定义,即其主要功能是促进普遍的自我实现。

3.体验过程中的主观欢乐,那种渴望去体验的冲动,或希望去体验,以及对这种体验有"基本需要"(从长远来看,这对他有好处),这些只有在健康人身上才有良好的相关性。只有这类人才会持续地向往对自己和他人有益的东西,因此,也只有他们才能全身心地享受和认可这种益处。对这类人而言,从自身感到愉悦的意义上来说,美德本身就是回报。他们往往可以自发地去做正确的事情,因为那就是他们**想要**做的,他们**需要**做的,他们甘之如饴的,他们赞成的,他们愿意继续享受下去的。

当人罹患心理疾病时,破碎的正是这个统一体,这个正相关性的网络。而破碎之后的,便是分离和矛盾。那么,这个患者想要做的事可能会对他自身不利;即使他想做,他可能也不享受它;即使享受它,他可能也不赞成它,因此这种享受本身就是毒品,或者会迅速消失。他现在喜欢,过会儿可能就不喜欢了。这样一来,他的冲动、欲望以及享受对生活将不再有指导意义。相应地,他必定会怀疑和害怕那些将他引入歧途的冲动和享受。因此,他会陷入冲突、分裂、纠结之中。简而言之,他陷入了内部冲突。

就哲学理论而言,我的这个发现解决了许多历史上进退两难的困境和矛盾。享乐主义理论**的确**对健康人有效,但对病人却**不起作用**。真、善、美**的确**具备一定的相关性,但是,只有在健康人身上,它们才紧密相连。

4.自我实现是一种"事态",只能在少数人身上相对地实现。对大多数人而言,自我实现只是希望、向往、欲望和本能需要,想要却还未得到的"某种东西"。在临床上,它是一种趋向健康、整合、成长的欲望。投射测验能检测到这种倾向的潜能,而非其外部行为。就好比在疾病表现在外之前,X光能够检测到其早期病理。

这意味着,对心理学家来说,"某人现在是什么"和"他**可能成为什么**"是同时存在的。如此一来,存在和形成之间的对立关系得以解决。潜能不仅仅是"**将来的**"或者"**可能的**",它们也是当下就存在着的。只要有目标,自我实现就有价值,即便还没有成为现实,自我实现也是真实存在的。人既是当下他所是的人,同时也是他渴望成为的人。

成长和环境

在人的本性中,有一种压力,迫使人们成为越来越完善的存在、越来越完美地实现其人性。这与一粒橡子"渴求"成为一棵橡树,一只老虎正在向老虎的样子"推进",一匹小马也正朝着"马"前进,在自然和科学意义上是完全一致的。人根本**不是**被浇铸或塑造或教育成人的。究其根本,环境的作用是给予人条件,或帮助人实现**他的自我**潜能,**而非**实现环境**自身**的潜能。环境并不赋予人潜能或能力;人在早期或胚胎的形式中便已获得潜能,就像他从胚胎时期便有胳膊和腿一样。创造性、自发性、自我、真实性、关心他人、爱的能力、渴求真理等都是胚胎的潜能,是作为人这一物种所必然享有的，正如人的手臂、腿、脑、眼睛一样。

这一点与已收集的资料并不矛盾。资料充分说明生活在家庭和文化中，是**实现**这些明确为人性的心理潜能的必不可少的条件。我们应避免这种混乱。一名教师、一种文化不能创造一个人。不能把爱的能力、求知欲、哲理性思维或推理、象征化、创造性等灌输到一个人的体内，而是允许、促进、激励、帮助尚处于雏形的存在变成真实实际的存在。同一位母亲或同一种文化，以完全相同的方式对待一只小猫或小狗，不可能使其成为人。文化是阳光、食物和水，但它不是种子。

本能论

研究自我实现、自我、真正人性等现象的学者们已经确认：人有实现自己潜能的倾向。其中暗含的意思是，人告诫自己要对本性真实，要自信，要真诚、自发、诚实地表达，要从自己深层的内在本性中寻找行为的根源。

当然，这只是一种理想化的**建议**。他们并没有提醒大家，大多数成年人不知道**如何**才能做到真实。如果他们"表达"自我，那么他们将不仅给自己，而且也给别人带来灾祸。如果强奸犯和施虐狂也想要信任和表达自己，那么我们该支持还是反对呢？

这群学者忽略了以下几点。他们只是暗示，未能明说：如果一个人能够如实表现，那么他就可以表现得很好；如果行为是发自内心的，那么它就是有益的、正确的。也就是说，这个内核，这个真实的自我，一定是有益的，值得信赖的，合乎伦理的。显然，这个断言与"人有实现自己潜能的倾向"这一断言是可以分开的，也需要将其分开证明（依我看，这必须如此）。此外，这群学者显然全都回避了一个关于内核的关键性论点，即内核**必定**在一定程度上是遗传而来的。或者说，他们对这个问题模棱两可，但是谈其他问题时却事无巨细。

简单来说，我们必须放弃"本能论"（我更倾向于称之为基本需要理论），放弃研究原始的、内在的、在某种程度上由遗传决定的需要、冲动和愿望，放弃研究人类的价值。我们不能将生物学和社会学混为一谈。我们不能**既**断言文化创造了一切，又断言人有遗传的天性。这两者是无法共存的。

在所有与本能相关的问题中，我们目前最不了解，但又最应该了解的，就是侵犯、敌意、憎恨、破坏性的问题。弗洛伊德学派断言，这是天生的，大多数其他动力心理学家则称，这并非与生俱来的，而是一种始终存在的、因类本能或基本需要受挫而产生的反应。但事实上，我们对此并不了解。参考临床经验也无法帮助我们解决这个问题。因为，即便是同等级别的心理治疗师，对这个问题也有很大的意见分歧。要想解决，必须进行严谨的研究。

控制和限制的问题

内在道德论理论家需要解释的另一个问题是：为什么自我实现的、真实的、坦率的人往往更容易做到自律，而普通人却不行。

在这些健康人身上，我们发现责任和快乐是合为一体的。同样，工作和玩乐、利己和利他主义、个人主义和无私也是合为一体的。但是，我们对此只是知其**然**，却不知其**所以然**。我有一种强烈的直觉：我们当中的很多人都可以成为这种真实的、具有完整人性的人。然而，令人难过的是，真正能做到的人如此之少，以至于一百或两百人中，只有一个人能成功。原则上，任何人都**可能**成为有益的、健康的人。因此，我们可以对人类抱有希望。但是，我们也必然会感到悲哀，因为**实际上**成为好人的屈指可数。如果想要知道，为什么有些人成为了好人，而有些人却没能成为好人，显然，我们应该去研究自我实现者的生活史，探究他们是如何达到自我实现的。

我们已经知道，满足基本需要是健康成长的主要先决条件（神经官能症通常是匮乏性疾病，与维生素缺乏症一样）。但是，我们也知道，无节制的满足也会导致不良后果。例如变态人格，"口腔性格"，不负责任，无法承受压力，溺爱，不成熟，某些性格障碍，等等。虽然这方面的研究还比较少，但是我们有大量的临床和教育的经验可以参考。据此，我们可以合理地猜测：婴幼儿不仅需要满足,他们也需要明白,物质世界对这种满足是没有限制的。他也应当认识到,其他人也需要满足。婴幼儿应当明白,他们的父母也是需要被满足的,换句话说,他应该认识到,父母或是其他人并不只是他达到自身目的的手段。由此,他才能学会控制、延迟、限制、放弃、承受挫折和自律。而只有对自律、有责任心的人,我们才能说:"你想做什么就去做什么,没关系的。"

退行:精神病理学

另外,我们也需要正视那些对成长进程有所阻碍的问题,也就是说,要正视成长停滞、逃避成长、固着、退行和防御性问题,简言之,即精神病理学感兴趣的问题,或者如其他人所说,恶的问题。

为什么会有这么多没有真正的特性、缺乏自主决定能力的人呢?

1.这些趋向自我完善的冲动和倾向,的确是天生的,然而也是非常弱的。因此,与具有强烈本能的其他动物相反,人类的这些冲动容易被习惯、被与之不相容的文化、被创伤性事件、被错误的教育湮灭。因此,比起其他物种,对于人类来说,选择与责任的问题表现得要尖锐得多。

2.由于历史原因,在西方文化中有这样一种特殊的倾向:将人的这些类本能需要(也就是所谓的动物性)假定为邪恶的或罪恶的。因此，人类特地设立了许多文化机构来控制、抑制、镇压、克制人的本性。

3.有两组力量在拉扯个体，而不只是一组。除了推人向前、趋向健康的压力之外，还有一种可怕的使人退行的压力，一种趋向病态和脆弱的压力。我们要么向前，朝着"高级涅槃"前进；要么向后，向着"低级涅槃"退行。

我认为，对于过去和现在的价值理论和道德理论来说，它们面对现实时的主要缺陷在于，欠缺精神病理学和精神疗法这两方面的知识。纵观历史，学者们早就向人类展示了道德的好处、善良的美妙、对精神健康和自我实现的内在渴望。然而，即便一个幸福和自尊的天堂已经摆在人们面前，大多数人依然任性地拒绝踏入。如此一来，学者们感到恼怒、急躁和幻灭。他们在责骂、规劝和绝望之间来回转换。很多学者都放弃了，转而去讲什么原罪或是人性本恶。他们得出这样一个结论：人类只能依靠非人类的力量才能得到救赎。

同时，在动态心理学和精神病理学方面，我们的文献浩如烟海，且极富启示意义。在这其中，有大量对于人类弱点和恐惧的解释。我们非常清楚，人类**为什么做错事**，**为什么会使自己陷入不幸和自我毁灭**，**为什么会堕落、陷入病态**。因此，我们可以得出这样一个见解：在很大程度上（尽管并非绝对），人类的邪恶无非就是人类的弱点和无知，它们是可以原谅的，可以理解的，也是可以治愈的。

无数学者、科学家、哲学家和神学家都在不停地谈论人类的价值、善与恶，却完全漠视了一个简单的事实：职业心理治疗师每天都在改变和改善人类的本性，帮助人类变得更加坚强、善良、富于创造性、友好、有爱、无私、平和。对此，我有时觉得很有趣，有时却感到很悲哀。而心理治疗师所做的这些改善，仅仅是提高自我认知和自我接受之后的一部分好处而已。还有很多其他的好处，有的比这更显著，也有的比这更细微(97, 144)。

这个问题太过复杂，此处无法详细展开。我所能做的，就是得出一些有关价值理论的结论：

1.自我认知似乎是自我提升的主要途径，不过并不是唯一的途径。

2.对大多数人来说，自我认知和自我提升是很难的。通常都需要巨大的勇气，还需要长期的努力。

3.的确，如果有高明的专业治疗师相助，自我认知和自我提升的过程会变得更简单，但这绝非唯一的方式。在心理治疗中学到的东西，可以用于教育、家庭生活和人生指导上。

4.只有学习了精神病理学和心理治疗，才能学会适当地尊重和理解恐惧、退行、防御和安全的力量。尊重和理解这些因素的影响力，才更有可能帮助自身和他人走向健康。虚假的乐观迟早会变成幻灭、愤怒和绝望。

5.总而言之，如果不能理解人类的健康趋向，就绝无可能真正理解人类的弱点。而且，我们还会错误地将一切都视为病态。

同样，如果不了解人类的弱点，我们也无法真正理解和促进人类的优势，还容易滑入盲目乐观地依赖理性的谬误中。

如果我们想要帮助人类变得更为完满，就必须意识到：人类在尝试着认识自我，但是同时，他们也不愿、害怕或是没有能力认识自我。只有充分理解病态和健康之间的辩证关系，我们才能使天平倒向健康的一边。

第十二章　价值、成长和健康

综上所述，我的论点是：第一，关于人类价值，我们原则上可以建立一门描述性的自然主义科学；第二，"应然"和"实然"之间的长期对立，一定意义上是一种伪对立；第三，我们可以像研究蚂蚁、马、橡树或者火星人的价值那样，去研究人类的最高价值和目标。我们可以去探索发现（而不是创造或发明）：当人在改善自我时，他们趋向、渴望和追求的究竟是哪些价值？病态的人又失去了哪些价值？

但是，我们也已经明白，只有将真正健康的人和普通人进行区分，才能更好地研究和发现人类的最高价值（至少在目前的历史阶段中，在技术有限的情况下，是如此）。我们不能取神经质的向往和健康的向往的平均值，草草得出一个结果（为了简单明了，我在此处打个比方。一位生物学家近来宣布："我在猿人和文明人之间发现了一种过渡动物，**那就是我们！**"）。

我认为，这些价值既是被发现的，也是被创造、被构建的。它们是人性所固有的。它们既是基于生理和基因的，也是被文化熏陶出来的。我只是在描述它们，而不是发明或设计它们，或者渴望获得什么("我只负责展示我的发现,其余概不负责")。

为了证明我的清白,我可以这样说:"我现在所研究的是各类人群(病人和健康人、老人和年轻人以及生活在各种环境下的人)的自由选择或偏好。"而作为研究者,我当然有权这么做。就好像我有权研究小白鼠、猴子或精神病患者的自由选择一样。通过这样的表述,很多无关紧要的价值观争议便可以避开了。通过这个表述也可以看出,我所做的研究本质上是科学的,而非先验的。(我认为,"价值"这一概念必将很快过时。它的含义太过宽泛,内容太过多元,而且历史也太过悠久。此外,很多时候,我们意识不到我们所讲的"价值"并非同一概念,因此常常带来混乱,我倾向于避开这个词。通常来说,我们可以使用一个更具体的、不那么容易混淆的同义词。)

这种更倾向于自然主义、更具描述性(也更具"科学性")的研究方法还有一个优势。它将那些预先便藏有未经检验的价值观的问题,那些"必须"和"应该"的问题,转化成了更为普通经验形式的问题。例如,何时、何地、何人、多少,以及在何种条件下等诸如此类的问题。也就是说,转化成了可以凭借经验进行检验的问题。[1]

我的其余论点如下。所谓更高级的价值、永恒的美德等概念,其实大概就是那些被我们称作"相对健康的人"在良好状态

---

[1]这也可以帮助我们摆脱那种从理论层面和语义层面对价值进行讨论的循环论证。比如,有这样一个经典的桥段:"善比恶更好,因为善是更美好的。"

下做出的自由选择。即成熟、获得发展、完成自我实现和个体化的人，感觉最良好、各方面能力最强时，所做出的自由选择。

说得再详细一点儿。当自我实现者觉得自己很强大时，且当他们**真的**可以做出自由选择时，他们往往自发地选择真、善、美，而不是假、恶、丑，选择整合而非分裂，快乐而不是悲伤，活力生机而不是死气沉沉，独具一格而不是一成不变，等等。也就是说，他们倾向于选择我所说的存在价值。

可以做这样一个辅助性假设：所有人，或是大部分人，都或多或少地倾向于选择存在价值。也就是说，存在价值可能遍及整个人类种群，只不过在健康人身上表现得更加明显、强烈。而且，在这些健康人身上，这些更高级的价值既没有被（由焦虑引发的）防御性价值稀释，也没有被"健康的退行"或是"滑行"（coasting）[1]价值（下文会对滑行价值进行阐释）稀释。

还有一个可靠的假设：在生物学意义上，健康人选择的东西肯定"对他们有益"（此处，"对他们有益"是指有助于他们和他人完成"自我实现"），但是，从其他意义来看，只是可能对他们有益。此外，我猜想，长远来看，对健康的人有益（被他们所选择）的东西极有可能对亚健康的人也有益。如果病态的人能够做出好的选择，他们一定也会做出同样的选择。换句话说，与不健康的人相比，健康人是更好的选择者。把这个命题颠倒过来，还可以得到一些新的启示：我建议，我们应当去观察自我实现者的所有

---

1. "coasting"一词由理查德·法森博士（Dr. Richard Farson）提出。

选择，并对其加以研究，然后把这些选择假定为整个人类群体的最高价值。也就是说，我们可以开个玩笑，把自我实现者视为一种生物测定器，视为一种更灵敏的变体。他们能比我们更快地意识到什么东西对我们有益。我的假设是，如果时间允许，我们最终会选择他们早就选择了的东西。或者说，我们迟早会发现，他们的选择是明智的，而且我们也会做出同样的选择。再或者，他们能够敏锐而清晰地感知到的东西，我们也能隐隐约约地感知到。

另外一个假设是：人在高峰体验中**感知**到的价值和上述的选择价值大致相同。之所以这么假设，是为了证明选择价值只是诸多价值中的一种。

最后，我假设：在某种程度上，自我实现者身上以偏好或动机的形式存在着的存在价值，与我们评判"杰出"的艺术作品、普遍人性或外在世界的价值别无二致。这也就是说，在某种程度上，人内在的存在价值和人在世界中所感知到的价值，这二者是同构的。这些内在价值和外在价值相互促进，相互强化，构成一种动态的关系(108，114)。

以上这些命题证明了这样一点：人性内部本身就存在着最高价值，只是有待我们去发现。这与传统观念非常矛盾。后者认为，最高价值只能来自超自然的上帝，或者来自人性之外的某处。

给人性下定义

我们首先应该坦率地承认,无论在理论层面,还是在逻辑层面,这个论题都很难解决。其次,我们应当尽己所能地去解决它。这个定义的每一部分,都需要我们对之进行再定义。不仅如此,在对之进行定义的过程中,我们很容易陷入循环论证。而目前,我们将不得不接受这种循环论证的存在。

只有存在某种可以用以对照的人性标准时,才能对"好人"下定义。而且,几乎可以肯定,这个标准是有关程度划分的。也就是说,一些人比另一些人更具有人性,而"好"人或者人类中"好的样本"则更具人性。之所以可以如此推定,是因为人性有许多定义特征,每个特征都是**必要条件**,每一个都无法单独地定义人性。此外,这些定义特征很多本身也只是程度问题,并不能完全严格地区分人和动物。

我们可以引用罗伯特·哈特曼(Robert Hartman, 59)的构想,来对此做出解释。即一个人、一只老虎或是一棵苹果树之所以"好",是因为他或它满足或符合"人"(或者老虎或苹果树)的概念,且符合程度足够高。

从某种角度来看,这种解决思路的确很简单,而且我们也一直在下意识地运用。新手妈妈问医生:"我的孩子正常吗?"医生立刻就会明白她的意思,而不去深究她的用词。动物园管理人员在购买老虎时会寻找"好的样本",挑选"有老虎样子"的老虎。也就是说,老虎要具有足够明确的发达的虎性特征。我给实验室买卷尾猴时,也想买好的卷尾猴,即"**有猴子样**"的猴子,而不愿意要那些古怪或不正常的猴子。一只不卷尾巴的猴子,就不是一只好的卷尾猴。但对于老虎来说,不卷尾巴的才是好老虎。好的苹果树或好的蝴蝶也是如此。分类学家从新品种中选出"典型样本",把这个样本放在博物馆里,作为整个种群的范例,这是他所采集到的最好的样本,即最成熟、最没有缺陷、最典型的个体,它可以定义这个品种的所有特征。在选择"好的雷诺阿"(作品)或者"最佳鲁本斯"(作品)时,也采用同样的原则。

同样地,我们也如此这般从人类中挑选出最佳样本。这个样本拥有人类物种应当具有的所有特征。在他身上,人的所有能力都充分发育且充分发挥效用。他没有任何明显的疾病,最重要的是,他没有可能会损害人类核心的、典型的、**必要的**特征的疾病。我们可以将这种人称作"最完美的人"。

目前看来,这个问题并不复杂。但是,还需考虑到其他特殊情况和因素。比如选美大赛,或是买一群羊,或者买宠物狗。此时,我们遇到了第一个问题,即文化标准的选择问题,这个问题可以压倒和抹去所有生物学上的决定因素。其次,还有驯养的问题,比如羊和宠物狗,它们是人工的、为人所庇护的生物。此处我们也要注意,在某种程度上,人也是被驯化的,尤其是人类之中最受呵护的群体,比如脑损伤患者,或是幼儿。再次,我们需要区分奶农的价值和奶牛的价值。

由于人具有类本能倾向,而与文化力量相比,这种类本能要弱得多。所以,要弄清人的心理学价值是十分困难的。但无论是否困难,原则上,它都是可以为之的。而且,它也必须弄清,甚至是非常关键的(97,第七章)。

关于此类研究,还有一个很大的问题:如何去"挑选健康的选择者(chooser)"?其实,就**实际操作**而言,这一点很好解决,就像医生可以立刻挑选出健康的有机体一样容易。此处的问题主要是**理论上**的,即定义健康和将健康概念化的问题。

成长价值、防御性价值(不健康的退行)和健康的退行价值("滑行"价值)

我们发现,如果可以真正地进行自由选择,成熟的或更健康的人不仅重视真、善、美,而且也重视退行、生存和自我平衡的价值,如平和与安静、睡眠与休息、顺从、依赖与安全、对现实的防范和疏离、从莎士比亚退到侦探小说、对幻想的沉醉,甚至对死亡(平静)的希冀,等等。我们可以粗略地把它们称为成长价值和健康的退行(或是"滑行"价值)。而且,我们还可以进一步指出,一个人越成熟、强大和健康,就越趋向于追求成长价值,对"滑行"价值的追求和需要也就越少。但是,无论个体多么强大,这两者依然缺一不可。这两种价值往往处于辩证关系中,通过外显行为表现出一种动态的平衡。

我们必须记住，基本动机提供了一个现成的价值等级体系，这些价值之间互相联系，分为高级需要和低级需要的价值、较强的和较弱的价值，以及重要的和可有可无的价值。

这些需要排列成一个整体的层级结构，而非二分式结构。也就是说，它们之间彼此依赖。比如说，施展特殊才能的高级需要，依赖安全需要的不断满足来实现。即便这种安全需要处在非活跃状态，也不会消失（所谓非活跃状态是指饱餐过后的那种状态）。

这就是说，回到低级需要的退行过程总是保留着，随时可能触发。而且，由于这个原因，不仅不能把这种退行过程看作是病态的，或是反常的，相反，对于整个有机体的完整性而言，它是一个绝对必不可少的过程，是"高级需要"存在和运作的先决条件。安全是爱的**必要前提**，而爱是完成自我实现的先决条件。

因此，这种健康退行的价值选择也应当被看作是"正常的"、自然的、健康的、类本能的，和所谓的"高级价值"一样。二者处在一种辩证的、动态的关系中（或者，我更喜欢这样说：它们是层次综合体，而不是二分体）。最后，我们还需要认清一个清晰、客观的现实问题：在大部分时间，对于大部分人来说，低级需要和价值比高级需要和价值更具有优势，也就是说，这种低级需要和价值会产生一种强烈的退行拉力。只有最健康、最成熟、最进步的个体，才会更坚定地、更频繁地选择高级价值（而且，只有在好的或者较好的生活条件下才会如此）。之所以如此，可能是因为他们已经获得满足低级需要的坚实基础。因而，得到满足的低级需要便处于一种休眠或不活动的状态，不再产生退行拉力（显然，这种需要得到满足的前提是有一个足够好的社会）。

用一句老套的话总结一下：人的高级本质依赖低级本质而存在，后者是前者的基础，如果没有后者，前者就会轰然倒塌。换句话说，对于大多数人类而言，如果低级本质未能得到满足，那么高级本质将是一纸空谈。要想发展高级本质，最好的办法就是先实现和满足低级本质。此外，人的高级本质也依赖于好的或较好的环境条件，包括过去的环境条件和当下的环境条件。

在此，我们可以得到这样一个启示：人的高级本质、理想、抱负和能力并非依赖于对本能的自我克制，而是依赖于对本能的满足（当然，此处我所说的"基本需要"不同于古典弗洛伊德学说的"本能"）。虽然与弗洛伊德不同，但是我的这种措辞本身也说明，我们有必要重新审视弗洛伊德的本能论。而且，实际上我们早就应该审视了。另一方面，我的这种措辞与弗洛伊德对生死本能所做出的隐喻二分法具有同构性。我们或许可以借用他的核心隐喻，但要纠正他的具体措辞。如今，存在主义换了一种新的措辞，来描述前行与退行、高级与低级的辩证关系。然而，我并没有看出这些说法有什么本质区别。我只是力求使我的措辞更如实地反映经验材料和临床资料，使其更容易被证实或证伪。

存在主义的人的两难困境

人类有一个普遍的困境,即便是最完美的人,也无法免受其扰:人同时既具生物性,又具神性;既是强大的,又是弱小的;既是有限的,又是无限的;既是动物的,又是超越动物的;既是成人的,又是孩子气的;既是胆小的,又是胆大的;既是前行的,又是退行的;既渴望完美,又害怕完美;既是可怜虫,又是英雄。这也是存在主义者一直想要告诉我们的事情。我认为,我们应当赞同这一观点。有证据表明,这种两难及其辩证法,对于所有精神动力学和心理治疗的目的体系来说,都是其基本问题。另外,我认为,它也是所有自然主义价值理论的基本问题。

然而,我们必须抛弃沿用了三千年的二分法习惯,也就是亚里士多德逻辑学模式的割裂和分离("A和非A彼此完全不同且相互排斥。你可以选择A或者非A,但不能两个同时选")。这具有决定性的意义。尽管很难,但我们必须学会整体论的思考方式,放弃原子论的思考方式。事实上,所有这些"对立面"都是层次整合(hierarchically integrated)的,在健康人身上尤为如此。心理治疗的一个目标就是摆脱二分法和割裂的观点,将看似矛盾的对立面整合到一起。我们的神性特征需要且依赖于我们的动物性特征。我们的成人性特征不该仅是对于孩子气的否定,还应当将其好的价值兼容并蓄,并以孩子气为基础得以发展。高级价值和低级价值是分层次整合为一体的。归根结底，二分法使人病态化，也只有病态的人才会用二分法来看问题［参照戈尔茨坦(55)著名的分离概念］。

内在价值的潜在可能性

我已经论述过，我们自身的价值，在一定程度上，要去自我内部探索发现。但是，价值也是由我们自身创造或选择的。要获得我们赖以生存的价值，自我探索并不是唯一的方法。自我探索所发现的，往往不是一个唯一的、明确的东西。与手指只能指向一个方向不同，我们可以用多种方式来满足需要。几乎所有的需要、能力和天赋都能通过多种多样的方式得到满足。尽管这种多样性是有限的，但它的确存在。对于有运动天赋的人来说，有很多运动项目可供选择。有很多人可以满足我们对爱的需要，满足的方式也多种多样。对于天才音乐家来说，单簧管和长笛给他带来的快乐几乎一样多。一个伟大的知识分子，当一名生物学家、化学家或心理学家，都是同等快乐的。只要心存善意，每种事业或职业都能给人带来同等的满足感。我们或许可以说，人性的内在结构是柔性的，而不是硬性的。或者说，它可以像树篱那样被引导着朝一定的方向生长，或者甚至像有的果树那样被培育成匍匐状。

尽管优秀的测试者或治疗师很快就能够大体判断出一个人的才能、能力和需要，并给他有效的职业指导，但是个体对此的反应不同，选择和拒绝的问题仍然存在。

而且，当成长中的人隐隐约约地感知到自己的选择范围时，他可以因缘际会，或是依照所处文化的喜恶，在该范围内做出一个选择。如果他投身于诸如医生这样的行业（请思考：他是主动选择成为医生，还是被选择呢？），很快就会出现自我制造或自我创造这样的问题。即便他天赋异禀，他也必须遵守纪律、刻苦工作、延迟快乐、自我强迫、自我塑造和自我训练。无论他多么热爱这份工作，这些事情都是讨厌的，而他必须忍受。

或者，也可以换一种方式来说。以成为一名医生的方式完成自我实现，这自然意味着要做**好**医生，而不是做坏医生。对于"怎样才算是好医生"的想象一部分是他个人所创造的，一部分是由文化赋予的，一部分是他在自我内部发现的。这种想象，与他的天赋、能力和需要一样，都起着决定性作用。

暴露疗法有助于发现价值吗？

哈特曼（61, pp.51; 60; 85）并不认为道德规范可以自然地从心理分析的发现中衍生出来（又见p.92）。[1]此处，"衍生"指的

---

[1] 我不确定此处究竟有无分歧。我认为，哈特曼有一段话（p.92）和我的上述论点是一致的，尤其是他所强调的"真正的价值"。
请参考费尔（Feuer, 43, pp.13-14）的这段论述并进行比较："真正价值和非真正价值之间的差异，就是有机体原始冲动**表现的**价值和**焦虑所引发**的价值两者之间的差异，就是自由人格所表现的价值，与被恐惧和禁忌压制时表现出来的价值形成对比。这种差异是道德理论的基

是什么? 我想说的是, 心理分析和其他暴露疗法, 仅仅**揭开**或暴露了人类内在的、更为生物性和类本能的核心本质。核心的一部分是偏好和渴望, 可以将它们看作内在的、具有生物基础的价值, 尽管这种价值很微弱。一切基本需要, 以及个体的所有天赋和才能都属于这个范畴。我并没有说, 这些是"应然", 或是"道德规范"。我只是说, 它们对于人性来说是内在的东西, 因此, 如果一味地否定它们, 将会导致病态, 从而产生恶。虽然病态不等同于恶, 但二者无疑是有相近之处的。

雷德里奇 (Redlich, 109, p.88) 也说过类似的话: "如果对治疗方法的探讨变成了对意识形态的探讨, 那么, 正如惠利斯所说的那样, 结果注定不尽如人意。因为心理分析与意识形态并不相通。" 如果我们从字面上理解 "意识形态" 的含义, 那么惠利斯的说法正确无疑。

但是, 我们也会因此忽略一些非常重要的东西: 尽管暴露疗法没有**提供**意识形态, 但它至少**揭露**了内在价值的**基础**或雏形。

换句话说, 暴露疗法和深度疗法能够帮助病人发现他模糊地追求着的、向往着的或需要着的最深层、最内在的价值。因此, 我坚持认为, 要想进行正确的心理治疗, 就必定要去探索这种价值, 而不是像惠利斯 (174) 所说, 二者是不相关的。当然, 我认为, 不久以后, 我们甚至可能会把心理治疗**定义**为探索价值。因为

本问题, 也是一门以实现人类幸福为目标的应用社会科学发展过程中的基本问题。"

说到底，探索一个人的个体性，就是探索一个人内在的、真正的价值。另外，我们之前已经说过，提高自我认识（认清**自己**的价值）的同时，对他人及一般现实的认识也提高了（并认清了其价值）。

最后，我认为，我们可能过度强调了自我认识和道德行为（以及价值承诺）之间的鸿沟。而这种过度强调本身，可能就意味着思想和行动之间的**强迫性**断层。这种断层并不具有普遍性（32）。这可能也适用于哲学家总爱讨论的那个古老的两难悖论，即"实然"与"应然"、现实与规范之间的二分式困境。我观察了以下三类人：健康的人、处在高峰体验中的人以及设法将强迫性和疯狂整合起来的人。我所看到的是：一般而言，在他们身上不存在这种**无法逾越**的鸿沟或断层。对于这些人来说，一旦有清晰的认知，他们往往就会产生自发的行动或道德承诺。也就是说，他们一旦**知道**何为正确，就会照此行事。那么，对于健康人来说，还有什么可以阻止他们从认知转向行动呢？只有真实的、现实存在的问题可以将其阻止，他们不会被假想所困。

如果这个假设是正确的，那么深度疗法和暴露疗法将有望消除疾病，且将被视为揭示价值的有效手段。

第十三章　超越环境限制的心理健康

当前，在对于精神健康的讨论中有一种错误的倾向。我要在此澄清。这种倾向是：用适应性、适应现实、适应社会和适应他人来鉴定心理健康。这种陈旧的观点披着全新的、更为复杂的外衣，正在重新抬头。这是非常危险的。这种观点就是在说，当我们判断一个人是否健康、真实时，判断依据可能不是其自身的实际情况，不是其作为独立个体的品质，不是其内在的、非环境性的行为规范，不是把个体作为不同于环境、独立于环境，或**对立**于环境的个体存在来加以判断，而是以环境为中心来对其进行定义。比如其驾驭和认识环境的能力，比如其在某种环境中是否有能力、有才干、效率高、能胜任，比如其在环境中是否如鱼得水，可以在环境所设定的评判标准中获得成功。换句话说，我认为，不该像职场分析和任务要求那样，去评价个体是否有价值或者是否健康。人不仅具有外向性，还具有内向性。当我们对精神健康进行理论定义时，不能将注意力聚焦在个体之外。我们不能陷入根据个体"有什么用"来判断个体是否优秀的陷阱。那样做，是把人看作实现某种外在目的的工具，忽略了其作为自身的存在。（在我看来，马克思主义心理学也明白无误地表述过"心灵是现实的镜子"这一观点。）

罗伯特·怀特近期（1959）发表在《心理学评论》上的《重新考虑动机》（*Motivation Reconsidered*, 177）一文，以及罗伯特·伍德沃斯（Robert Woodworth）出版的《行为的动力》（*Dynamics of Behavior*, 184）都使我感触颇深。这些文章都写得非常出色，论述极为缜密、细致，极大地推动了动机理论的发展。我非常赞同他们的论述。但这些论述还远远不够。我在上段中所提到的危险，他们只是含混地提了一下。尽管他们认为熟练、效力和胜任可能是一种积极而非消极地适应现实的形式，但这仍旧没有摆脱适应论的桎梏。这些论述无疑是可敬的，但我们必须超越它们，这样才能真正地超越环境[1]，独立于环境，认识到要拥有反抗环境的能力，与环境作斗争，无视环境，对其不予理睬，自由选择是拒绝它还是适应它（在此，我忍不住想要探讨一下这些词所蕴含的男性主义视角以及西方和美国视角。如果是一个女人，或是一个印度人，哪怕是一个法国人，他们会第一时间用主

1.在这里使用"transcendence"（超越）这个词，是因为没有更好的词来表达。"independence of"（独立于）意味着将自我和环境简单地二分化，因而是不恰当的。遗憾的是，"超越"一词意味着某一"高者"藐视并摒弃"低者"，这也是一种错误的二分法。在其他情况下，我会使用"层次整合思维"来表述"二分化思维方式"的反面。"层次整合思维"的意思是，"高者"建立在"低者"之上，"高者"取决于"低者"，且包含"低者"。举例来说，中枢神经系统、基本需要层级或军队都是一种层次整合模式。我在这里所使用的"超越"也是层次性整合的意思，而不是二分化的超越。

宰和能力的方式思考问题吗？）。对心理健康理论而言，我们不能只关照精神之外（extra-psychic）的成功，还必须关照精神内层（intra-psychic）的健康。

还有另外一个例子，我本来不太重视，但很多学者对此却非常重视：即仅仅按照别人的评价来定义自我。这是哈利·斯塔克·沙利文（Harry Stack Sullivan）式的做法，是一种极端的文化相对论。如果这样做，会导致健康的个性特征完全被忽视。或许在定义不成熟的人格时，这种做法是可行的。但是，我们此处讨论的是健康的、高度成长的人。对于这种人来说，他们本身就是超越他人评价而存在的。

我确信，我们必须保留自我和非我之间的区别，才能理解完全成熟的人（真实的、自我实现的、个性化的、具有创造性的健康人）。为了证实这个判断，我简要提出下述证据：

1.首先，我要引用我于1951年发表的名为《抗拒文化适应》（Resistance to Acculturation, 96）一文。文中提到，我的健康的研究对象，表面上循规蹈矩，私下却对这些规矩满不在乎、敷衍了事。也就是说，他们既可以接受这些规矩，也能抛弃这些规矩。事实上，我发现他们所有人都在用一种相当冷静、幽默的方式排斥所处文化中不合理、有欠缺的东西，或多或少地设法改变这些缺陷。当他们认为有必要时，便有能力对其坚决抵制。引用文中的一段话："他们对于美国文化的情感，掺杂了不同比例的喜爱、赞同、反对和批判。这表明，他们根据自己的看法，对美国文化有所扬弃。一言以蔽之，他们（按照内心标准）进行权衡、判断，然后做出自己的决定。"

他们还表现出一种惊人的独立于他人的态度，渴望甚至需要私人空间(97)。

"出于这些原因及其他原因，他们可以被视为是自治的。也就是说，统治他们的是他们自己的性格法则，而不是社会法则（如果自身法则和社会法则存在差异的话）。从这个意义上来说，他们不仅仅是美国人，他们更是人类。"在文中，我做出了这样一个假设："这些人可能少有所谓的'国民性格'，他们跨越了文化的界限，与其说他们与那些自我发展不完善的美国人是同胞，不如说他们彼此之间才是同胞。"[1]

此处，我想强调的是这些人超然、独立、自治的特点，他们往往能够从自己的内心发现价值观和准则。

2.此外，只有保留这样的区分，我们才能为自己保留一个假

---

[1].沃尔特·惠特曼和威廉·詹姆斯都是跨越文化界限的典型代表人物。他们是典型的、纯正的美国人，但同时也是纯粹超越文化的、全人类的国际主义成员。尽管他们是美国人，也正因为他们是好的美国人，所以他们更是世界意义的人。犹太哲学家马丁·布伯也是如此，他跨越了犹太文化的界限。葛饰北斋(Hokusai)是典型的日本人，但同时也是一名世界性的艺术家。或许，所有世界性的艺术都不是凭空产生的。区域性的艺术，与虽然植根于区域但对整个人类都具有普遍意义的艺术，二者是不同的。说到这里，我又想到了皮亚杰的研究。他的研究对象是一群孩子。对于某个人既是日内瓦人又是瑞士人这件事，他们感到无法理解。但后来，他们成熟了，可以将某物与另一物同时以一种分层次的方式整合在一起。这个例子以及其他例子，都是奥尔波特提出的(3)。

想的空间,供自己冥想、沉思和进行其他一切认识自我的活动,使我们得以从外部世界抽离出来,聆听自己内心的声音。比如说,对于所有领悟治疗的全部过程来说,脱离外部世界是其**必要条件**。只有进入幻想世界,进入本质过程,才能达到健康状态。也就是说,只有找回内心世界,才可能达到健康的状态。用于进行精神分析的睡椅,就可以让我们尽可能置身于文化之外。(我确信,这种自我意识的过程本身就是愉快的,且具有体验价值。28,124)。

3.近来,关于健康、创造性、艺术、游戏和爱的探讨,我认为对**普通**心理学极富启发意义。在所有的探讨成果中,有一个与我们所讨论的问题最为相关。即学界对人性、无意识和初级过程的深层意蕴,以及原始思维、神话思维和诗性思维的深层意蕴,在态度上发生了转变。由于我们最早发现病态的根源藏在无意识中,因此,我们往往认为无意识是坏的、邪恶的、疯狂的、肮脏的或者危险的,认为初级过程是**歪曲**事实的。但是现在,我们发现这些深层次的东西也是创造性、艺术、爱、幽默和乐趣的源泉,甚至还蕴含着某种真理和知识。由此,我们可以开始将健康的无意识或是健康的退行纳入讨论了。我们尤其应该开始重视初级过程的认知,以及原始思维或神话思维,不该再认为它们是病态的了。现在,我们可以在初级过程的认知状态中寻找知识,这种知识不仅有关自我,还有关世界。而次级过程是无法识别这些知识的。这些初级过程是正常或健康的人性的组成部分,因此,所有探讨健康人性综合性理论都应将它们纳入囊中(84,100)。

如此一来，便出现了一个问题：初级过程处于精神内层，有它们自己与生俱来的（autochthonous）法则和规律。它们的**首要目的**不是适应外在现实，也不是被现实塑造，更不是为了应对现实而产生的。这些对外工作是由分离出来的、人格中更为表层的部分来承担的。如果把整个心灵都等同于应对外在环境的工具，必然会遗失某些珍贵的东西。适合、适应、顺应、胜任、掌控和应对，这些都是以环境为导向的词语，所以不适合用来描述**整个心灵**，因为有一部分心灵与外在环境是没有关系的。

4.还有一点很重要：我们应当将应对行为和表现行为区分开来。我已经从各个方面进行论证，以驳斥"所有行为都受动机激励"这一所谓的公理。在这里，我要强调的是，表现行为（expressive behavior）并非受动机激励，或者比应对行为（coping behavior）更少受到动机激励（这取决于你如何理解"动机激励"）。更纯粹的表现行为与环境几乎没有关系，也并不以改变或适应环境为目的。顺应、适合、胜任或掌控这几个词只适用于应对行为，不适用于表现行为。以现实为中心的完满人性理论很难对表现行为做出解释。要想理解表现行为，最简单、自然的出发点就是心灵内部（97，第十一章）。

5.当个体集中注意力完成任务时，有机体内部和环境中就会产生效能结构。与任务无关的东西被推到一边，不被注意。与任务相关的各种能力和信息在目标和目的的支配下进行自我排列，也就是说，按照是否有助于解决问题来定义其重要性，即按照有用性来定义。对解决问题没有帮助的东西变得不重要。此时，必须要进行选择。所以抽象地说，这就意味着对有些东西可以视而不见，不予理睬，将其排除在外。

但是我已经说过，为了效率和胜任力（怀特把胜任力定义为"有机体与环境进行有效互动的能力"）而有动机地认知、以完成任务为目标或是根据有用性去认知，很容易出现遗漏的问题，会进入一种半盲的状态。因此，我也说过，要想进行完整的认知，就必须要超然物外、无欲无求、不被利益或动机所驱。唯有如此，我们才能认知到客体的本质，感知它的客观特征和内在特征，而不是把它抽象为"有用的东西"或"危险的东西"等。

我们越是试图掌控环境，或是有效地融入环境，就越不可能进行全面的、客观的、超然的、不受干预的认知。只有顺其自然，才能够做到全面认知。对于心理治疗来说，也是如此。往往越着急下诊断，越着急制订治疗方案，我们就越无法真正帮助患者。越想要治愈，就越经久不愈。所有精神病学者都应当**学会**，不要着急治愈，**不要失去耐心**。在这种情况和许多其他情况下，妥协反而更容易取胜，谦卑才能成功。这便是道教和禅宗佛教的做法。他们早在几千年前就意识到了这一点，而心理学家现在才有所领悟。

最重要的是，我初步发现，这种对于世界的存在性认知往往出现在健康人身上，这种存在性认知甚至可以用来定义何为健康。在高峰体验（短暂的自我实现）中，我也发现了存在性认知。

这意味着，即便是对于个体与环境的关系而言，掌控、胜任力和效力这些词所蕴含的主动目的性也过于强了，不利于二者形成健康的关系。

这种对于无意识过程的态度转变，给了我们很多启示。比如我们可以做出这样的假设：对健康的人而言，如果剥夺他们的感官，不仅会让他们感到恐慌，还可能给他们带来快乐。也就是说，由于与外在世界的联系被切断，内在世界得以被感知；而健康的人更接受、享受自己的内在世界。所以，健康的人享受感官剥夺的可能性更大。

小 结

以上论述，对健康理论有如下几点启示：

1.我们不能忘记自主的自我，或者说，我们不能忘记纯粹的心灵。不能只将它们视为一种适应性的工具。

2.即便是对于个体和环境的关系而言，我们也必须在理论中留有这样一个余地：这种关系既可以是个体接受环境，也可以是个体掌控环境。

3.对于心理学来说，它的一部分是生物学，一部分是社会学。但心理学并**不仅仅**是两者相加。心理学有自己特定的领域范围。心灵中那些既**没有**反映外在世界，也没有塑造外在世界的部分，就属于心理部分。

第五编
未来的任务

第十四章　成长和自我实现
心理学的一些基本命题

当人类这一理念(其本性、目标、潜能和满足感)发生改变,一切理论都会随之发生改变。不仅政治学、经济学、道德观、价值观、人际关系理论和历史学理论会发生改变,教育学理论也会发生改变,如何帮助人类变成可以变成和需要变成的样子,相关理论也会发生变化。

如今,人的能力、潜能和目标的相关概念正在发生改变。关于人的发展潜能和命运,出现了崭新的前景。这种前景极富启示性,对于教育理念,科学、政治、文学、经济、宗教,甚至非人类世界的认知,都大有裨益。

我认为,我们现在可以着手勾画出这种崭新人性观的轮廓了。它是为了**对抗**行为主义心理学(联想心理学)和古典弗洛伊德精神分析而产生的,但它依然是一种完整的、独立的、全面的心理学体系。行为主义心理学(联想心理学)和古典弗洛伊德精神分析是目前两种最全面的心理学说,但它们对于人性的解释太过局限。因此,这种新的人性观才应运而生。要用一个词来形容它是很难的，也是为时尚早的。我曾以它的主要根源为其命名，将其称为"整体动力"心理学。也有学者沿用戈尔茨坦的叫法，将其称作"机体论心理学"。苏蒂奇和其他一些学者则称其为自我心理学或者人本主义心理学。据我估计，几十年后，如果这门心理学依然能够做到恰如其分地兼收并蓄，并具有全面性，就可以索性将之称作"心理学"。

我想，我所能做的最大贡献，就是说出我的观点和发现，而不是作为这一学派的一名"正式"代表来发表意见，尽管我确信我要说的大部分观点他们都赞同。我已经将"第三势力心理学"的代表著作列入本书的参考文献中。由于本书篇幅有限，在此，我只介绍这门心理学的主要命题。需要注意的是，我的许多观点尚未得到佐证，有些命题主要基于我个人的观点，缺乏证实。不过总体而言，它们都是可以被证实或证伪的。

1.我们每个人都具有一种内在本质，这种本质是类本能的、内在的、特定的、"天生的"，也就是说，其决定性特征之一，便是明显的遗传性。而且，它具有继续存在下去的强烈倾向（97，第七章）。

此处，我之所以谈到**个体**自我的这种遗传的、天生的、早期的根基，不是没有原因的。尽管这种自我的生物决定性只是局部的，而且描述起来十分复杂。无论如何，个体自我的这种生物根基都是"未经加工的"，而非成品，还需个体、个体的重要他者和环境对其进行加工。

这种内在本质包括：类本能的基本需要、能力、天赋、解剖学意义上的身体配置、生理或性格配置、产前和产后受到的伤害，新生儿创伤，等等。这种内在本质体现的是一种自然倾向、行为倾向和内在倾向。不管是防御机制，还是应对机制、"生活方式"和其他性格特征，一切都在人生的最初几年得以形成。对于这些因素，此处仍然应该加以探讨。当个体开始接触外在世界，并与之产生交流时，这些未经加工的原始材料就迅速成长，成为自我。

2.这种内在本质是一些潜能，而不是最终所实现的东西。因此，它们有一部生活史，必须要用发展的眼光去看待它们。内在本质大部分（但并非全部）在非精神因素（文化、家庭、环境、学习等）的影响下实现、形成或遭到扼杀。早在人生的最初阶段，这些漫无目的的冲动和倾向就通过渠限化（122），也通过随机习得的关联，依附在客体（"情感"）之上。

3.即使这种内在核心具有生理基础，是"类本能的"，但从某种意义上说，它依旧软弱无力，容易被战胜、抑制或约束，甚至可能被永远消灭。人类不像动物那样，拥有强烈的本能，内心有个强烈、确凿无疑的声音，明确地告诉它们何时何地要做什么，怎么做以及和谁做。人类所保留的只是残留的本能。而且，这些本能软弱无力，微不足道，很容易因学习、文化期待、畏惧或者反对而湮灭。要想了解它们，是非常困难的。某种程度上，拥有真实的自我，就是能够听到自身内心的冲动，也就是说，知道什么东西是自己真正想要或不想要的,自己适合什么或**不**适合什么,等等。这种冲动的声音在不同个体身上,强弱似乎有很大差异。

4.人的内在本质中,有些特征是(全人种范围内)所有他者所共有的,有些则是个体的独有特征(特异的)。所有人与生俱来都有对爱的需要(尽管后来,在某种情况下,这种需要会消失)。然而,音乐天赋只有极少数人才有,而这些人彼此之间的风格有明显的差别,比如莫扎特和德彪西。

5.我们能够科学地、客观地研究内在本质(也就是说,用合适的"科学方法"去研究),并发现(是**发现**,不是发明或创造)它的真相。主观上,我们还能够通过内在探究和心理治疗对其加以研究。客观手段与主观手段相辅相成。

6.内在的深层本质,可能会(1)像弗洛伊德所说的那样,被主动压制。它们可能会因为畏惧、被反对,或自我矛盾,而被主动压制。也可能会像沙赫特尔所说的那样,被"忘记"(被忽视,被略过,被抑制,不被使用,不被表达)。因此,许多内在的深层本质是无意识的。对于弗洛伊德所强调的冲动(驱动力、本能和需要)而言是如此,对于能力、情感、判断、态度、定义和知觉等也是如此。主动压抑需要努力,需要花费精力。要想将其保持在无意识中,有许多具体的办法,比如否定、投射、反应形成,等等。然而,压抑不代表扼杀。被压抑的本质仍然作为思想和行动的决定因素继续活跃着。

主动和被动压抑似乎都开始于人生早期。一般来说,这种压抑是因父母及所处文化的否定而产生的。

然而，一些临床证据表明，在幼儿或青少年身上，压抑也会来源于精神内层或文化之外。也就是说，个体担心会被自身的冲动湮没，担心自己完全崩溃、"瓦解"，害怕会情绪爆发，等等。幼儿可能会自发地恐惧、不认同自己的冲动，然后以各种方式进行自我防御，以对抗这种冲动。这在理论上是可能的。如果情况真是如此，社会需要就不是唯一的抑制力，还可能存在一种来自精神内层的抑制力和控制力。我们可以将它们称为"内在的反能量发泄作用"。

我们最好把无意识的驱动力和需要，与无意识的认知方式区分开来，因为后者更容易进入意识，从而对意识进行修正。通过诸如创造性的艺术教育、舞蹈教育和其他非语言的教育方法，可以帮助我们找回初级过程的认知（弗洛伊德）或者原始思维（荣格）。

7.尽管这种内在本质很"微弱"，但在一个普通的美国人身上，它们很难消失或消亡（然而，在人生早期，这些本质会有消失或消亡的可能）。虽然遭到否定或压抑，人的内在本质仍然会以一种隐秘的、无意识的方式存在下去。比如说，尽管智慧的声音（内在本质的一部分）很轻，但我们**仍能**听到，即便有时我们听到的是被歪曲了的声音。也就是说，它有一种内在的动态力量，总在迫使它公开地、不受抑制地表达自身。而要想抑制或压抑它，就必须付出努力，这也会导致疲劳。"健康意志"、成长欲望、自我实现的压力和对同一性的追求，便是这种动态力量的一个主要方面。正是它，使得心理治疗、教育和自我改善在理论上成为可能。

8.然而，(客观或主观地)去探索这种内在核心或者说是自我、揭露和承认它是先在于此的，只能使内在核心的一部分成长，进入成人阶段。在一定程度上，这也是个体的一种创造。对个体而言，一生是一个连续不断的选择过程，其中，选择的主要决定因素是个体已经形成的部分(包括个体的目标、勇气、恐惧、责任感、自我力量或"意志力"，等等)。我们不能认为人是"完全被决定的"，因为这意味着"人只被外在力量决定"。个体，作为一个真正意义上的人，其主要决定因素是他本身。在一定程度上，每个人都是"他自己的投射"。人们自己创造自己。

9.如果人的本质核心(内在本质)受到挫败、否定或压抑，就会引发疾病。这种疾病有时明显，有时微妙且隐晦，有时当即发作，有时延后发作。这些精神疾病的种类远比美国精神病学会所列出来的要多得多。举例来说，我们现在认为，各种各样的性格失调和性格障碍，对世界的影响远比传统的神经症甚至精神病大得多。从这个新的角度来看，新品种的精神疾病是最危险的，比如"人格发育欠缺或发育不良的人"。(即丧失了人的定义特征或者人格，不能实现人的潜能和价值的人，等等。)

这意味着，普通的人格疾病被看作是成长、自我实现或健全人性的缺失。受挫(包括基本需要受挫、存在价值受挫、特质潜能受挫、自我表达受挫、按自我方式和速度成长的倾向受挫)被看作是疾病的主要成因（尽管不是唯一成因），在人生早期尤为如此。也就是说，基本需要的受挫不是精神疾病或人性减弱的唯一原因。

10.据我们所知，这种内在本质绝不是"恶"的。相反，在美国文化中，成年人往往把它称作是"善"的，或者认为它是中性的。最准确的表达方式就是，把它看作"先于善和恶"而存在的。如果我们谈论婴儿或儿童的内在本质，这个说法就没有问题。如果这种"婴儿的内在本质"在成人时期仍然存在，那么问题就要复杂得多。如果从存在心理学，而不是匮乏心理学的观点来看待个体，问题就变得更为复杂。

所有与人性有关的研究方法都可以证明这一结论。这些方法包括心理治疗、客观科学、主观科学、教育和艺术。比如说，在长期的暴露疗法过程中，怨恨、恐惧和贪婪等情绪得到了缓解，爱、勇气、创造力、善良和利他主义得到了增强。因此，我们得出结论，认为后者比前者"更深刻"、更自然、更本质。也就是说，通过这种暴露，被我们称作"恶"的行为得以减少或消除，而被我们称作"善"的行为得以培养和增强。

11.我们必须把弗洛伊德式的超我，与内在良知、内在愧疚区别开来。前者在原则上把他人（包括父母、老师，等等）的赞同或反对带到自我之中。这种情况下产生的愧疚，只是对他人意见的认可。

而内在性内疚则是由个体背叛自己的内在本质或自我而导

致的,是偏离了自我实现的道路。它证明了自我否定在本质上的合理性。因此,它并不像弗洛伊德学说的内疚感那样,具有文化相对性。内在性内疚是"真实的""应当的""公平公正的"或"正确的",因为它同主体内心深处某种真实的东西相矛盾,而非同偶然的、任意的或纯粹相对的狭隘观点相矛盾。就这方面而言,在合适的时候产生内在性内疚,对个体发展来说是有益的,甚至是**必要**的。它并不是一种病症,需要想方设法去避免,相反,它是一种来自内心深处的指引,指导我们去实现真实的自我及其潜能。

12. "恶"的行为主要是指不合理的敌意、残忍、破坏性和"低劣的"攻击性。我们对此了解得不够充分。敌意的本质是类本能的,还是只是反应性的(对虐待做出的反应),这决定了人类的未来。我认为,迄今为止,大量证据表明,不加选择的**破坏性**敌意是反应性的,因为暴露疗法可以使这种敌意减少,改变它的性质,将它变为"健康的"自我肯定、坚强、选择性敌意、自卫、正当义愤,等等。无论如何,所有自我实现者身上都有攻击和愤怒的**能力**。当外部环境"需要"这种能力时,他们就能够让它自然地表现出来。

在儿童身上,情况要复杂得多。至少,我们知道,健康儿童也能做出正当愤怒、自我保护和自我肯定,也就是反应性攻击。那么,儿童大概不仅应该学会控制自己的愤怒,也应该学会如何去表现,以及何时去表现。

在我们的文化中被称作"恶"的行为,可能也只是由无知或是幼稚的误解和看法导致的(这些误解在孩子身上会出现,在那些心里有个被压抑或"忘却"的孩子式成年人身上也会出现)。举例来说,手足之争往往起因于孩子想要独占父母的爱。而只有等到他成熟了之后,他才会明白,母亲对其他孩子的爱,并不会中断母亲对自己的爱,二者是可以共存的。因此,那些不友爱的行为,可能只是起因于对爱的幼稚看法,其本身不该受到指责。

我们往往会看到,真、善、美、健康或聪明(反向价值)会遭到憎恨、厌恶或嫉妒,这主要(但不是全部)是由丧失自尊的威胁导致的。就好像诚实的人会使骗子感到被威胁,美女会使相貌平平的女孩儿感到被威胁,英雄会使懦夫感到被威胁一样。每一个比我们优秀的人,都会迫使我们面对自己的缺点。

再深一层,会出现一个终极存在问题,即命运是否是公平公正的。病人可能会嫉妒健康的人,因为后者不应当比他少受罪。

对于大部分心理学家来说,这些例子中的恶行似乎都只是反应性的,而非本能性的。这意味着,尽管"恶"的行为深深植根于人性,很难将之根除,但是随着人格走向成熟,社会得到改善,"恶"的行为将有望减少。

13.许多人仍然认为,"无意识"、退行和初级过程认知必然是不健康的、危险的,或是恶的。但我们在心理治疗中积攒的经验,在逐步使我们改观:我们的内心深处也是善的、美好的或令人满意的。在对爱、创造力、乐趣、幽默、艺术的来源进行研究后,结果也清晰地印证了上述观点。它们的来源深深扎根于内在的、更深层的自我,也就是说,扎根于无意识之中。为了找回、享受、运用它们,我们必须能够"退行"。

14.如果人的本质核心从根本上不被他人和自己接受、爱和尊重,那么,他的心理就不可能是健康的(反过来不一定是对的。如果他的本质核心受到尊重等,那么他的心理也不一定健康,因为还有一些其他的先决条件必须得到满足)。

未到成熟年龄的心理健康叫作健康成长。而对于成年人来说,心理健康称呼不一,可以是自我完成、心理成熟、个性化、生产力、自我实现、真实性、完满人性,等等。

健康成长在概念上是处于从属地位的,因为现在通常把健康成长定义为"走向自我实现的成长"等。一些心理学家仅仅根据一个包罗万象的目的或目标,或者人的发展倾向,就认为所有不成熟的成长现象都只不过是通往自我实现道路的步骤(戈尔茨坦,罗杰斯)。

自我实现有各种各样的定义,但我们可以发现,其核心是不变的。所有的定义都:(1)认可内在核心或自我的存在,并对其加以表述,比如,潜在能力、潜能、"充分的机能"、可利用的人类本质和个性本质;(2)有这样一种含义,即个体很少出现不健康、神经症、精神病,很少丧失或减少基本的人类能力或个人能力。

15.出于这些原因,此时最好引出并鼓励这种内在本质,或者至少要承认它,而不是抑制或压抑它。纯粹的自发性,意味着自由的、不受约束的、不受控制的、信任的、非预谋的自我表达,即极少受到意识干扰的精神力构成。而控制、意志、谨慎、自我批评、衡量与审慎，则是这种自发表达的制动。在本质上，这种制动器必然是由精神世界之外的社会和自然界的法则所导致的；其次，它们必然产生于心灵自身的畏惧（内在的反能量发泄作用）。广义上来说，源于**心灵自身的畏惧**，是神经过敏或**精神错乱**的症状。其无论在本质上，还是理论上，都是不必要的。（健康的心灵不可怕，也不糟糕，所以几千年来，我们对其的戒心都是不必要的。当然，**不健康**的心灵则另当别论。）心理健康、深度心理治疗或**更深度**的自我认识和自我接受，通常可以削弱这种控制。然而，还有一种对心灵的控制不是起因于畏惧，而是为了保持心灵完整、组织有序和统一而产生。有些"控制"则可能具有另一层面的含义：它们对于实现个体能力、寻求更高级的表达形式而言，是必需的。举例来说，艺术家、知识分子和运动员通过勤奋努力获得技能。但是，这种控制最终将不再成为控制，而是变成自发性的一部分，即变成自我的一部分。

如此一来，心理健康与环境健康之间的天平发生了变化，自发性与控制之间的天平也就发生了变化。纯粹的自发性不可能长久存在。因为我们所生活的这个世界有自己的运行规律，受制于非心灵的法则。在梦境、幻想、爱情、想象和性行为中，在创造活动的第一个阶段中，在艺术工作、智力游戏和自由联想等活动中，纯粹的自发性是可能存在的。同样，纯粹的控制也不可能长久存在，因为若是如此，心灵就会消亡。因此，教育必须同时指向

两个目标，一是培养控制，二是培养自发性和表现力。在我们的文化中，在历史的这个时期，有必要重新调整天平，使其倾向于自发性，即倾向于表现的、被动的、非意志的、非预谋的、创造性的，要去信任意志与控制以外的其他过程。然而，我们也必须认清，在其他文化和其他地方，天平可能曾经倾向另一边，或者将会倾向另一边。

16.现在我们都知道，如果在健康儿童正常的发展过程中，让他做出自由选择，大多数情况下，他都会选择有利于成长的事情。之所以如此，是因为这会使他体验良好，感觉舒适，给他带来愉悦或**快乐**。这意味着他比其他任何人都更"了解"什么事对自己的成长有益。在一个宽容的社会制度下，成年人应当给予**他**能够满足需要的机会，然后让他自己做出选择，而不是直接满足他的需要。也就是说，随他去。为了让儿童更好地成长，成年人有必要给予他们足够的信任，充分相信成长的自然过程。也就是说，不要过分打扰他们，不要**迫使**他们成长，或者强迫他们按照预定的设计去成长。应当用一种道家的方式让他们自然成长，并帮助他们成长，而不能用独裁者的方式去拔苗助长。

17.与"承认"自我、命运和个人召唤相对应的，是这样一个结论：大众要想达到健康和自我实现状态，主要途径是满足基本需要，而非使其受挫。这个结论与人性本恶的观点形成了鲜明的对比。后者强调抑制管理、怀疑、控制和监督，认为人性深处隐藏着本原的、本能的恶。生命在母体中时，完全是无忧无虑、没有挫折的。而学界也基本达成共识：在人生的前几年，最好也能让孩子无忧无虑，没有挫折。至少在西方，禁欲主义、克己，或是刻意拒绝机体的需要，容易使机体虚弱、发育不良或者残疾。即便在东方，通过禁欲完成自我实现的人也少之又少，只有极其强大的人才能做到。

18.但是，我们也知道，如果**完全没有**挫折、痛苦或威胁，那也将是危险的。一个人要想变得坚强，就必须具备挫折耐受能力，必须理解客观现实在本质上是不以人类的愿望为转移的，必须学会爱他人，当他人需要得到满足时要对他人的喜悦感同身受（而不是把他人仅仅视为达成自身目的的手段）。当儿童的安全感、爱和尊重等需要得到满足时，适度的挫折可以使他受益，从而变得更加坚强。如果挫折超过他的承受力，将他压垮，这样的挫折称为创伤性挫折，我们认为它们弊大于利。

正是由于客观现实、动物和他人对我们不予配合，我们才得以了解**它们的**本质，从而懂得了愿望和现实之间的差距（哪些愿望可以变成现实，哪些愿望毫无实现的希望），只有这样，我们才能在这个世界上生存下去，并在必要时为了适应它而进行自我调整。

通过克服困难、全力以赴、应对挑战、经受磨难，甚至通过失败，我们得以了解自己的长处和短处，并做到扬长避短。在全力以赴的过程中，会有一种愉悦感，这种愉悦会取代恐惧。

溺爱意味着由父母替孩子满足其需要，而不是通过孩子自己的努力来满足其需要。这种溺爱往往把孩子当作婴儿来对待,使他自己的能力和意志力无法得到发展,缺乏主张和决断。溺爱可能会教会孩子利用他人,使他无法尊重他人。溺爱也可能意味着,不信任、不尊重孩子自己的能力和选择。也就是说,这本质上是对孩子的一种贬低和侮辱,会让孩子觉得自己一无是处。

19.为了促进成长、完成自我实现,我们必须认识到,能力、器官和器官系统迫切地想要发挥作用,想要表现自己,希望得到使用和锻炼。它们一旦得到使用,就会感到舒展;如果得不到使用,就会感到烦躁。肌肉发达的人喜欢锻炼肌肉,为了让自己"感觉良好",获得和谐的、成功的、行为无束缚(自发性)的主观感受,他们也必须锻炼肌肉。这对于实现健康成长和心理健康来说,是一个相当重要的方面。脑力、子宫、眼睛,以及爱的能力,也都是如此。能力大声疾呼,迫切渴望被派上用场。只有得到充分使用,它们才会消停。换句话说,能力也是一种需要。运用自己的能力不仅使人快乐,对成长来说也是必不可少的。技巧、能力或器官得不到使用,就会成为病灶,或是萎缩消失,从而削弱人的力量。

20.心理学家继续着这样一个假设:为了服务于他的目的,存在着两个世界,两种现实。自然的世界和精神的世界,不以人的意志为转移的现实世界和充满意愿、希望、恐惧和情感的世界,一个按照非精神法则运行的世界和一个按照精神法则运行的世界。除了在极端情况下,两者之间的区别一般来说是不显著的。在极端情况下,毫无疑问,幻想、妄想和自由联想都是合乎法则的。

但是，它们所合乎的法则，全然不同于逻辑法则，也全然不同于即便人类灭亡也会持续存在的物质世界的法则。这个假设并不否认两个世界的关联性，甚至可以说，两个世界可能是融合在一起的。

我可以说，**许多**甚至**大多数**心理学家都会采纳这个设想，而同时，他们也非常愿意承认，这是一个难以解释的哲学问题。任何一位临床治疗师都**必须**如此假设，否则就要放弃他的职责。心理学家经常像这样，绕开哲学难题而行动，"假装"某些假设是真实的。尽管事实上，它们是无法证实的。比如说，"责任心""意志力"这些无处不在的假设。健康的一个表现，就是要具备同时生活在这两个世界中的能力。

21.我们可以从动机的视角，即按照满足匮乏性需要的先后顺序，将不成熟与成熟进行对比。从这个角度来看，成熟或自我实现意味着对匮乏性需要的超越。这种成熟状态既可以被描述为衍生动机或非动机的（如果匮乏被看作唯一动机的话），也可以被描述为自我实现的、存在的、表现的，而不是应对的。这种存在而非力争的状态，与自我、"真实"、成为一个人、成为完整的人，可能是同义词。成长的过程就是**成为**一个人（Becoming a person）的过程。作为一个人而**存在**（Being a person），则与之不同。

22.我们也可以根据认知能力（也可以根据情感能力）来区分不成熟和成熟。对于不成熟的认知和成熟的认知，维纳（171）和皮亚杰曾有过精彩的论述。而现在，我们发现二者之间有一个新的区别,即它们一个是匮乏性认知,一个是存在性认知。我们可以这样定义匮乏性认知:一种以基本需要或匮乏性需要及对其的满足和挫败为导向的认知。换句话说,匮乏性认知就是利己认知。在这种认知中,世间万物按照"满足自身需要"和"不满足自身需要"分为两组,而事物的其他特点却被忽略或掩盖了。按照客体的自身实际和存在进行的认知则被称为存在性认知(或超越自我的认知、非利己的认知、客观认知)。这种认知不会考虑客体是否满足自身需要,即基本不涉及客体对认知主体的价值和效用。成熟与完善并不是亦步亦趋的(儿童也能以无私的方式进行认知)。不过总体而言,随着个体性的日益增长或个体同一性的日渐稳固(或者一个人对自身内在本质的接纳),存在性认知会变得越来越容易,出现频率也会越来越高。(情况的确如此,即便匮乏性认知对于包括成熟的人在内的**所有**人来说,都是生存所必需的主要工具。)

在观察客体真实的、本质的、内在的(没有因抽象而分裂的)整体性质时,认知越无欲望、无畏惧,就越真实。因此,心理健康有利于客观、真实地描述现实。从这个角度来看,神经症、精神病和成长障碍,其实都是一种认知疾病。它们所损害的,正是认知、学习、记忆、注意力和思维能力。

23.将认知划分为匮乏性认知与存在性认知,也有助于我们理解何为高级爱和低级爱。存在爱与匮乏爱之间的区别,就好比存在性认知和匮乏性认知,以及存在性动机和匮乏性动机之间的区别。如果没有存在爱，就无法与他者（尤其是儿童）建立理想的美好关系。要想有好的教学关系，就必须要有存在爱。存在爱对其本身所蕴含的道教信任态度，也是必不可少的。同样，这也适用于人类与自然界之间的关系。也就是说，有了存在爱，我们就可以按照自然界的实际情况来对待它，否则，我们将只会关心自然是否可以为我所用。

24.尽管在原则上，自我实现很容易，实际上却很少有人能达成（按照我的标准，成年人中达成自我实现的比例肯定不超过1%）。原因多种多样，其中包括所有我们知道的心理病理学因素。我们已经提到过一个重要的文化层面的原因：人们总觉得人的内在本质是恶的、危险的，认为这从生物层面上决定了人是难以实现自我成熟的。也就是说，这种观点认为，人类已经丧失了那种可以明确指引自己在何时、何地、该做何事、如何做事的强烈本能。

有这样两种看法：一种看法认为精神病是对于自我实现的阻碍、逃避或恐惧；另一种从医学角度看待精神病，认为它是从外部入侵的，与肿瘤、中毒或细菌类似，和被入侵的个体本身没有关系。这两种观点有着微妙却又关键的区别。在理论意义上，人性削弱（作为人的潜能和能力丧失）这个措辞，要比"生病"这个说法更加合适。

25.成长不只会给人以回报和快乐，往往也会带来许多内在的痛苦。每向前走一步，就向未知更近一步，也就可能向危险更近一步。成长意味着放弃某些熟悉的、美好的和令人满意的东西。

成长往往代表着分开和别离，甚至可能是破茧成蝶般的死而复生。因此，它会使人感到怀旧、恐惧、孤独和哀伤。成长往往也意味着放弃当下更简单、更轻松、更省力的生活，而去追求更费力、更需责任感、更困难的生活。迈步向前成长，就要大步流星，**不要害怕损失**。因此，成长格外需要个体的勇气、意志、抉择和力量，也需要外部环境对个体的保护、许可和鼓励，对于孩子来说尤其如此。

26.因此，我们可以把成长与否看作是介于成长驱动力和成长抑制力（退行、恐惧、成长的痛苦或无知等）之间的一种辩证合力。成长既有利，也有弊。不成长也并非一定是坏的。未来在前方牵引，但过去也在背后拉扯。成长不只有催人前进的勇气，也有令人畏缩的恐惧。原则上，健康成长的理想方式是，使成长更具好处，使不成长更具弊端，使成长的弊端更少，使不成长的弊端更多。

自我平衡的倾向、"需要削减"倾向，以及弗洛伊德的防御机制，都不是成长倾向，而是说明有机体正在防御、减少痛苦。但是，这些倾向依然很有存在的必要，并非总是病态的。通常来说，它们要比成长倾向更有力量。

27.以上所有，都暗含着一个自然主义的价值体系。这是依据经验描述人类物种和特定个体深层倾向的一种副产品。以科学或自我探索的方式对人类进行研究，可以发现人类的前进方向和人生目的，可以发现什么对他有利或是有弊、什么让他自我感觉良好、什么让他内疚,也可以发现为什么人类很难选择向善,以及恶究竟如此诱惑人心的原因。(注意,无须使用"必须"一词。此外,这些发现是因人而异的,并非"绝对"的。)

28.神经症不是内在核心的一部分,而是对内在核心的一种防御、逃避,或是内在核心(在恐惧掩盖下)的失真表达。通常来说,神经症是一种折中,它的一边用一种隐秘的、伪装的或适得其反的方式努力满足基本需要,另一边是这种需要、满足及动机性行为导致的恐惧。神经质的需要、情感、态度、定义和行为等,**并不**是内在核心或真实自我的完全表达。如果施虐狂、剥削者或性反常者说:"为什么我不可以表达我自己(比如杀人)?"或者"为什么我不能实现我自己?"我的回答是,他们所说的表达,其实是对内在倾向(或内在核心)的否定,而非表达。作为一个人,他是人类被削弱后的形态。

每一种神经质的需要、情感或行为,都代表着**能力的缺失**。也就是说,如果这个人不通过偷偷摸摸、令人讨厌的方式,就不能或**不敢**去做这些事。此外,这类人通常已经丧失了主观幸福感、意志、自我控制感、快乐的能力,以及自尊心等。

29.我们渐渐发现,如果缺乏一套完整的价值体系,就会导致精神病。人需要一个价值体系,一种生存理念,一派宗教或某种宗教替代物,据此来生活和理解世界。这与人类需要阳光、钙和爱是一样的。我将之称为"理解的认知需求"。没有价值观,就会引发各种各样的价值病,比如快感缺乏、冷漠、道德意识缺失、绝望、玩世不恭，等等。这些价值病可能会演变成身体上的疾病。从历史角度看，我们正处在一个价值转型期。所有外在的价值体系（包括政治的、经济的和宗教的等）都被证明无效。比如说，没有什么是值得为之去死的。人会不停地去追求自己需要却没有得到的东西，此时，他会变得很危险，他会饥不择食地抓住**任何**可能的希望，无论它是好是坏。这种疾病的治疗方法显而易见。我们需要一个有效的、可用的人类价值体系，我们可以信仰它，并为它献身（愿意为之去死）。我们之所以信仰它，是因为它是真理，而不是因为有人规劝我们要"相信并信仰它"。现在看来，这种基于经验的世界观似乎真的有可能存在，至少理论上如此。

可以这样理解：儿童和青少年遇到的许多困扰，其实都是成年人不确定的价值观带来的后果。因此，在美国，许多年轻人按照青少年的价值观，而非成人的价值观来生活。青少年的价值观当然是不成熟的、无知的，且很大程度上取决于青少年的混乱需要。牛仔、"西部"电影或青少年犯罪团伙就是这种价值观的投射。

30.对于自我实现的状态来说，许多二分法都是可以化解的，对立的双方可以被视为是统一的，而二分法的思维方式整体而言被认为是不成熟的。自我实现者往往会把自私和无私融合为一种更高的、上一级的统一体。对于他们来说，工作和游戏一样轻松，职业和业余爱好也没有分别。当完成职责变得愉快，而愉快又意味着完成职责，这二者之间就不再是分离或对立关系。我们发现,最高级的成熟包含着一种孩子气。我们还发现,健康的儿童具有一些成熟的自我实现特征。自我和外部所有事物之间的这种内外分离变得模糊不清,难以辨认。而且,在人格发展的最高级阶段中,自我和外部是相互渗透的。现在看来,二分法似乎是较低层面的人格发展和心理功能所特有的思维方式,它既是精神病的致病原因,也是精神病造成的影响。

31.在自我实现者身上,我们发现了非常重要的一点:自我实现者往往能整合弗洛伊德的二分法和三分法,即意识、前意识和无意识(正如本我、自我和超我)。在他们身上,弗洛伊德的"本能"和防御机制之间不再尖锐地彼此对立了。冲动更多地被表现出来,较少受到控制;而控制也变得不再那么严格、僵化、引发焦虑。超我不再苛刻严厉,与自我之间的对立关系也有所缓解。初级和次级认知过程的有效性和重要性更加接近(而非认定初级过程是病态的)。的确,在"高峰体验"中,初级过程和次级过程之间的壁垒轰然倒塌。

这和弗洛伊德早期的主张形成鲜明对比。弗洛伊德当时认为,各种各样的力量都是明显二分化的:(1)互相排斥;(2)利益相悖,也就是说,作为对抗性力量而不是互补或合力存在;(3)一方"胜过"另一方。

另外,这也意味着健康的无意识和可取的退行(有时)是存在的。这还意味着理性和非理性的综合体也是可以存在的。比如,在适当情况下,非理性或许也可以被看作是健康的、可取的,甚至必不可少的。

32.健康人的整合趋向还表现在另一方面。对他们来说，意向、认知、情感和运动彼此之间分割较少，协同较多。也就是说，这些系统更能够为一个共同的目的而协同工作，彼此不相冲突。他们经过理性、审慎的思考得出的结论，和在盲目欲求下得出的结论，更倾向于保持一致。这类人需要的和喜欢的东西，往往恰好是对他有益的。他的自发反应能力强、高效且正确，就好像是预先经过慎重思考才做出的一样。他的感觉和运动能力相互紧密关联。他的感觉形态彼此联结更为紧密（对外貌的感知）。由此，我们可以发现古老的理性主义体系中存在着的问题。在这些体系中，各种各样的能力往往被按照二分法分成不同的等级，理性被置于顶端。各种能力并不是处在一个整合体中。

33.我们已经对于健康的无意识和健康的非理性等概念有了新的认识，这将有利于我们认识纯抽象思维、言语思维，以及分析思维的局限性。如果我们想要充分地描述这个世界，那么就有必要为前语言的、不可言喻的、隐喻性的初级过程、具体经验的、直觉的和审美的认知形式预留位置。因为客观现实的某些方面是无法通过其他方式来认知的。以下论断，对科学也是普遍适用的。现在我们已经知道：(1)创造性根植于非理性之中；(2)语言对于描述整个现实来说，是不充分的，而且将永远如此；(3)任何一个抽象概念都无法表达完整的现实，必将有所遗漏；(4)被我们称作"知识"的东西（通常来说都是高度抽象的、言语化的、定义严格的），往往会使我们无法看到抽象概念没有包含到的那部分现实。也就是说，知识使我们能更清楚地看到某些东西，但是又使我们**更少**看到其他东西。抽象知识既有其利，也有其弊。

科学和教育因太过抽象化、言语化和书本化，往往会遗漏原始的、具体的、审美的体验，尤其是自我内在的主观之物。比如说，机体心理学家肯定会赞同，对于理解艺术和创造艺术，对于舞蹈、（希腊式的）体育运动和现象学观察，我们更需要创造性的教育。

抽象思维和分析思维的最高状态，就是最大可能地做出简化。也就是制作准则、图表、地图、蓝图、计划、草图和某种形式的抽象作品。这样一来，我们对世界的掌控力得以提升。但是这种提升是有代价的：我们可能会因此忽视世界的丰富性，除非我们学会尊重存在性认知、带有爱与关怀的认知、自由漂浮的注意力以及所有能丰富而不是削弱经验的事物。我们应当拓展"科学"的范畴，将以上两类知识都包含进来。

34.健康人拥有进入无意识和前意识的能力，拥有使用和尊重而不是畏惧初级过程的能力，拥有接受冲动而非对其总是加以抑制的能力，拥有可以毫无畏惧地自愿退行的能力，这些都是拥有创造性的主要条件。基于此，我们可以明白，为什么心理健康与某些普遍形式的创造性（特殊才能除外）联系如此密切，以致有些学者几乎把心理健康和创造性视为同义词。

同样的，心理健康和理性与非理性力量（意识和无意识，初级过程和次级过程）的整合有着密切的联系。这样一来,我们便能够理解,为什么心理健康的人更容易去享乐、去爱、去笑、去嬉戏。他们更为幽默、更为天真、更为异想天开、想象力也更丰富,而且也更能开心地"疯"。一般来说,他们容许、重视并享受情感体验,尤其享受高峰体验,而且经常有这样的体验。这使我们强烈怀疑,以**全能**为目的的学习是否真的可以帮助儿童健康成长。

35.审美感知、审美创造和审美高峰体验是人类生活、心理学和教育的一个核心部分,而非边缘部分。这毋庸置疑,原因有以下几点:(1)所有高峰体验都是在整合个人内部的分裂、人与人之间的分裂、世界内部的分裂以及人和世界之间的分裂(这只是其特征之一)。由于健康的表现之一就是整合,所以高峰体验有利于健康,且本身就是一种短暂的健康状态。(2)这些体验证实了生活,也就是说,它们赋予了生活以意义。毫无疑问,人类没有自杀的一个重要原因,便是高峰体验。(3)高峰体验本身就是有价值的,等等。

36.自我实现并不能克服人类所面临的所有问题。在健康的人身上,冲突、焦虑、挫折、悲伤、创伤和内疚也都存在。通常来说,日渐成熟,意味着不再困扰于神经质的假问题,而是开始面对真实的、不可避免的、存在主义的、生活在某个特定环境中的人类的天性中的那些问题(尽管他可能已经尽力做好,但依然会存在问题)。就算个体不是神经质的,他也可能会被真实的、合乎需要的、必要的内疚所困扰(但这种内疚和神经质的内疚完全不同,后者是不可取的,也是不必要的),也会受到内在良知(而非弗洛伊德所谓的超我)的困扰。即便他已经超越了形成问题,但他依然有存在问题。如果在**应当**感到困扰的时候无动于衷,那反而可能是疾病的预兆。有时候,盲目自大的人需要受到惊吓,才会"**恢复**理智"。

37.自我实现并不是一个完全普遍的概念。它需要通过女性特征或男性特征的实现才能得以完成,这种实现优先于普遍意义上的人性。也就是说,一个人首先必须是健康的、实现了女性特征的女人,或者是健康的、实现了男性特征的男人,才有可能完成一般意义上的自我实现。

也有证据表明,不同体质的人完成自我实现的方式是各不相同的(因为他们实现的内在自我各不相同)。

38.要想实现人格和健全人性的健康成长,还有另外一个关键点,就是逐渐放弃儿童时期的处事策略。处于弱小状态的儿童,之所以会采用这些策略,是为了适应全能强大的、无所不知的、神一般的成年人。而随着孩子逐渐长大,他必须学会强大、独立、自我关爱式的处事策略,而逐渐抛弃儿童时期的处事策略。他尤其要抛弃那种独占父爱母爱的强烈愿望,学会去爱别人。他必须学会满足自己的愿望,而不是满足父母的需要和愿望;他也必须学会依靠自己,而不是依靠父母来替他满足愿望。他不能再出于畏惧和为了得到父母的爱而装成"好孩子",而是必须是**他**真心希望变好。他必须探索自己的良知,而不是继续把父母的想法内在化,将其作为唯一的道德指南。对儿童来说，所有以弱小适应强大的策略都是必不可少的，但对成年人来说，这么做就是不成熟，发育不全 (103)。他必须用勇气取代恐惧。

39.从这个角度来看，社会或文化可能会促进成长，也可能会阻碍成长。成长和人性的根源，本质上来自个人本身，而非由社会创造或发明。社会只会帮助或阻碍人性的发展，就像园丁可以帮助或阻碍蔷薇丛生长，却不能使蔷薇长成一棵橡树。虽然文化的确是实现人性（例如获得语言、抽象思维和爱的能力）的**必要条件**，但这些能力的根源先于文化存在，根植在人的种质（germ plasm）之中。

如此一来，理论上我们将有可能构建一门比较社会学，它将涵盖并超越文化相对论。"更好的"文化可以满足人的所有基本需要，使自我实现得以完成。"较差的"文化则做不到这一点。对教育来说，也是如此。如果教育能促进成长朝着自我实现的方向发展，那么它就是"好"的教育。

当我们谈到"好的"或者"坏的"的文化，把它们看作手段而非目的时，就会出现"适应"这个问题。我们必然会问："什么类型的文化或者亚文化是'适应能力强'的人能够适应的？"毫无疑问，适应和心理健康并不一定是同义词。

40.自我实现（在自主意义上的）的完成，使人**更有可能**去超越自我意识和自我中心，这看似是矛盾的，实则不然。自我实现使人**更容易**成为人，也就是说，使人更容易并入比他更大的整体中去（6）。完全的人化状态，便是充分的自主。在某种程度上，反之亦然，一个人只有经过成功的人化体验（儿童般的依赖心、存在爱、关爱他人等），才能获得自主性。此处有必要提及人化的不同层次（越来越成熟），区分"低级人化"（恐惧、软弱和退行）和"高级人化"（勇气和完全的、充满自信的自主性）、"低级涅槃"和"高级涅槃"、趋向衰退的统一和趋向进步的统一（170）。

41.下述事实使我们思考一个重要的存在主义的问题：自我实现者（以及处于高峰体验中的**所有人**）尽管**通常**不得不生活在外在世界中，但偶尔也生活在时代和世界之外（即不受时间和空间的限制）。他们生活在内在的心灵世界里（主导这个世界的是心灵法则，而非外在世界的法则）。换言之，他们生活在体验、情感、愿望、恐惧、希望、爱、诗歌、艺术和幻想的世界中。这与生活在非心灵的现实世界，并不得不适应这个他们从未参与制定法则、不符合他们的内在本性的世界，是完全不同的。尽管他们依旧不得不按照现实世界的法则来生存。（不过，他们至少还**可以**同时生活在其他世界中，科幻小说爱好者都知道这个。）一个人如果不害怕这种内在的心灵世界，就可以在其中尽情享受。甚至，与更为艰辛劳累的，需要承担外部责任，充满努力与竞争、对与错、真理与谬误的"现实世界"相比，内在的心灵世界可以说是天堂。尽管健康人也能够更加轻松愉快地适应"现实"世界，更能经得住"现实考验"，即不会将现实世界与内在心灵世界混淆。

很显然，混淆内在世界和外在世界，或者拒绝把任何一个现实与经验阻隔开来,都是严重的病态。健康的人能够将两种世界整合到自己的生活中去,他不会放弃二者中的任意一个,可以做到自由切换。这种健康与病态的差别,就好比一个人去参观贫民窟,和不得不一直住在贫民窟之间的差别(如果我们不能自由进出,那么**每个**世界都可能变成贫民窟)。如此一来,可以自由进入和摆脱不健康的、病态的和"最低级的"状态,反而可能意味着最健康的、"最高级的"人性。只有对于那些对自己心智是否健全没有信心的人来说,"狂热"才是可怕的。我们应当教这类人学会如何同时生活在两个世界中。

42.在心理学中,上述命题构成了对行为作用的一种新的理解。以目的为导向的、有动机的、费力的、有意义的行为,实际上是心灵世界和非心灵世界必要沟通的一个表现,也是这种沟通的副产品。

(1)匮乏性需要的满足来自外在世界,而不是内在世界。因此,人必须适应外在世界。举例来说,通过现实检验,认识世界的本质,学会区分外在世界和内在世界,了解人和社会的本质,学会延迟满足,学会隐瞒危险的东西,了解世界的哪些部分是可以满足需要的,哪些部分又是危险的或是无益于满足需要的,了解怎样才能在所处文化中正当地、被允许地满足需要。

(2)世界本身是富有趣味、美丽迷人的。探索世界、操纵世界、与世界游戏、思考世界或享受世界,都是一种被动机驱使的行为(认知、运动和审美需要)。

但是，有的行为从一开始就和世界无关，或者几乎无关。对于有机体的本质、状态或力量（功能性兴趣 Funktionslust）的纯粹表现，是一种存在性表现，而非努力做出的表现（24）。思考或享受内在世界不仅本身就是一种"行为"，而且和外部行为构成一种对立。也就是说，思考时，肌肉行为会处于静止和平息的状态。等待的能力则是一个特例，它延迟了行为。

43.从弗洛伊德那里，我们了解到，过去存在于**现在**之中。而如今，成长理论和自我实现理论则告诉我们，未来也存在于**现在**之中。它以理想、希望、职责、任务、计划、目标、未实现的潜能、使命和命运等形式存在。如果一个人的现在之中不存在未来，他就会坠入具体、无望和空虚之中。对他来说，时间会变得无限"充足"。而大部分行为往往是通过"尽全力"而得以实现的，若无须"尽全力"，个体就会陷入混乱和非整合的状态中。

当然，处于存在状态中的人不需要未来，因为存在状态就是未来。此时，形成过程暂停，其本票以最终奖励的形式兑现，这便是高峰体验。在高峰体验中，时间的概念消失了，希望得到实现。

附录一
我们的出版物和专题会议
对个人心理学来说是合适的吗?[1]

几个星期以前,我突然明白了我是如何将健康成长心理学与格式塔理论整合在一起的。困扰我多年的种种问题,忽然一个接一个地得到了解决。这便是典型的高峰体验,不过其持续时间比较长。这次思维地震过后,其余震又持续了数日,新鲜的点子一个接一个地涌现。我习惯在纸上构思,所以整个过程我都记录了下来。于是我发现,我不必在大会上朗读那些诘屈聱牙的论文了。这次经历就是最真实、最生动的高峰体验。它从各个方面都完美地(栩栩如生地)展示了我将要论述的强烈的或深刻的"同一性体验"。

然而,这种体验是私人的,不同寻常的,所以我不想在公众面前大声宣读出来,我也不打算宣读。

---

[1] 以下是本人在精神分析促进会(Advancement of Psychoanalysis)于1960年10月5日在纽约召开的卡伦·霍妮纪念会上的演讲内容。这些内容与"未来的任务"相关,因此在此处加以引用,但保留了其口语形式。

不过，我对这种不情愿进行了自我分析。从中，我得到了一些启示。在此，我倒可以谈谈这些。如果我们说，某些内容不"适合"在此演说，不适合在大会或专题讨论会上发表或陈述，那么问题就来了："为什么不合适？"是什么使这种个人的真实体验和某些表达不"适合"在学术会议和科学期刊上发表呢？

这个问题很适合在这里做一番探讨。在这次会议中，我们正在朝着现象的、经验的、有关存在的、独特的、无意识的、私人的和强烈的个人的方向摸索，但是，我清醒地认识到，我们做的所有努力都是局限在固有的知识氛围和框架下的。因此，这种努力就显得不合时宜，令人讨厌，甚至令人憎恶。

我们的期刊、书籍和专题讨论会，主要是用于交流和探讨理性的、抽象的、逻辑的、公众的、非个人的、以法律为依据的、可复验的、客观的和非感情的事物的。它们所基于的假定，正是我们这些"个人心理学家"正在试图改变的。换句话说，它们在逃避问题。结果就是，我们这些临床心理学家或自我观察者迫于学术传统，仍不得不像讨论细菌、月亮和小白鼠那样，来讨论我们的个人体验或我们患者的体验。我们依然在**假定**主客体是分裂的；**假定**我们是超然孤立、置身事外的；**假定**我们（以及认知客体）对所观察到的行为无动于衷、不为所动，**假定**我们能够把"我"和"你"分离开来；**假定**所有的观察、思考、表达和交流都必须保持冷酷,不掺杂一丝温情;**假定**认知会被情感污染和扭曲。

简言之,我们依然在用非个人的科学标准和习俗来对待这种个人的科学。我相信,这是行不通的。我也非常清楚,我们中某些人正在策划的科学革命(一种大到足够容纳经验知识的科学哲学)必须要扩展到学术交流方式上来(262)。

我们必须要将我们心照不宣的东西明确地说出来。我们要告诉所有人,我们所做的工作往往要靠内心去感受,往往来自个人内心深处;有时我们与研究对象融为一体,而不是同他们分离开来;要想不出岔子,我们就**必须**全情沉浸其中。我们还必须坦然接受并承认这样一个真相——我们的"客观"工作同时也是主观的,我们的外在世界常常与我们的内在世界是同构的,我们用"科学"去解决的"外在"问题往往也是我们自己的内在问题。而理论上,我们解决病人的这些问题,也是在进行一种广义上的自我治疗。

对我们这些研究个人的科学家来说,这一点**尤为如此**,但在原则上,所有科学家都是如此。从恒星和植物中寻找秩序、规则、控制、可预测性和可理解性,往往与寻求**内在**秩序和规则是同构的。非个人的科学有时也是对内在失序和混乱的一种逃避或防御,或者是害怕失控的一种表现。或者,更普遍地说,非个人的科学可以是(我发现也常常**是**)对个人的内在人格和他人的内在人格的一种逃避或防御,对情感和冲动的一种厌恶,甚至有时是对人性的一种厌恶或者恐惧。

试图把个人科学研究建立在一个与我们的共识不相容的基础上，显然是不明智的。我们不能指望用严格的亚里士多德式哲学框架去研究非亚里士多德哲学。我们不能只用抽象工具去研究经验知识。同样的，主客体分裂也阻碍了融合。二分法妨碍了整合。将理性、言语性和逻辑性作为真理的唯一语言，使我们无法对非理性的、诗意的、虚构的、模糊的初级过程以及梦一般的事物进行必要的研究。[1]古典的、非个人的和客观的方法虽然能够很好地解决一些问题，但对这些新的科学问题却**无能为力**。

我们必须让"科学的"心理学家认识到，他们的研究基础是一门具体的科学哲学，而不是全部的科学哲学，对于**任何**以排外为首要目的而存在的科学哲学来说，这种排外会抑制而非促进这门科学的发展。**所有**人的**所有**经验都值得被研究。所有的"个人"问题都应当被纳入人类研究中。如果不这样办，我们就会像一些行会一样，把自己逼到一个愚蠢的地步。在那些行会里，只有木工可以接触木头，且木工也只可以接触木头。在这种情况下，新材料和新方法意味着烦恼，甚至是威胁和灾难，而非机会。这也好像原始部落必须把每一个人都纳入亲属体系中。如果出现一个新来

1.举例来说，此处我想表达的东西，其实早在1959年，索尔·斯坦伯格在《纽约客》所画的一系列插图中已经表达了。在这些"存在卡通"中，这位出色的艺术家一个词都没用。但是想一想，这些插图是不可能出现在一本"严肃的"期刊中的一篇"严肃的"文章的参考书目中的。它们也不可能出现在这次会议中，尽管会议主题和画家的主旨是一致的，都是"同一性与异化"。

者,不知道要如何安放他,那么唯一的解决办法就是把他杀死。

我知道,这些话很容易被误解为在攻击科学。其实不然。相反,我所建议的是,我们应当扩大科学的研究范围,把个人的和经验的心理学问题和资料纳入科学领域。许多学者都放弃了这些问题,断定它们是"非科学的"。然而,如果把这些问题留给非科学家去研究,也就意味着将科学界和"人文科学"界分离开来。而我们如今已经看到,这种分离对两者来说都是有害无益的。

那么,新型的学术交流方式是什么样子的呢?很难准确预测。无疑,我们需要更多的东西,那些偶尔从精神分析文献中发现的移情和反移情的相关探讨是远远不够的。我们必须录用更为独特、更为具体的期刊论文,传记或自传都可以。很久以前,约翰·多拉德在他的著作《一个南方小镇的社群与阶层》(*Caste and Class in a Southern Town*)的序言中,对自己的偏见做过一番自我分析。我们应当借鉴。当然,我们应该收集更多"被治疗"的客体在心理治疗中所得到的经验教训。也应当像马里恩·米尔纳的《论无法绘画》(*Not Being Able to Paint*)中那样,进行更多的自我心理分析,或是像尤金尼亚·汉斯曼那样记录历史案例,或者一字不差地记录下所有类型的人际交往。

然而,就我个人而言,最困难的一点是,我们应当逐渐开放我们的期刊,录用一些狂热、诗意或自由联想风格的文章。要想传播某些真理,这种表述风格是最合适的。比如说,每一种处于高峰体验时的感受。说是这样说,但这对所有人来说都很不容易。

我们需要最精明能干的编辑,来完成这项艰巨的工作,从大量垃圾文章中筛选出有科学价值的文章。而随着大门打开,将很快涌入大量垃圾文章。我所能给出的唯一建议,就是我们必须谨慎地进行尝试。

附录二 参考书目

本书的参考书目中不仅包括文中所引用的文献,也挑选了"第三势力"心理学派中一些学者关于心理学和精神病学的相关著作。要想了解这些学者,可参考摩斯塔卡斯(118)。朱拉德(72)和科尔曼(33)也曾对这一学派的主要观点做过精彩的总结。

1. ALLPORT, G. *The Nature of Personality.* Addison-Wesley, 1950.

2. _____. *Becoming.* Yale Univ., 1955.

3. _____. Normative compatibility in the light of social science, in Maslow, A. H. (ed.). New *Knowledge in Human Values.* Harper, 1959.

4._____. *Personality and Social Encounter.* Beacon, 1960.

5. ANDERSON, H. H. (ed.). *Creativity and Its Cultivation.* Harper, 1959.

6. ANGYAL, A. *Foundations for a Science of Personality.* Commonwealth Fund, 1941.

7. Anonymous, Finding the real self. A letter with a foreword by Karen Horney, *Amer. J. Psychoanal.*, 1949, 9, 3.

8. ANSBACHER, H., and R. *The Individual Psychology of Alfred Adler.* Basic Books, 1956.

9. ARNOLD, M., and Gasson, J. *The Human Person.* Ronald, 1954.

10. ASCH, S. E. *Social Psychology.* Prentice-Hall, 1952.

11. ASSAGIOLI, R. *Self-Realization and Psychological Disturbances.* Psychosynthesis Research Foundation, 1961.

12. BANKAM, K. M. The development of affectionate behavior in infancy, *J. General Pyschol,* 1950, 76, 283-289.

13. BARRETT, W. *Irrational Man.* Doubleday, 1958.

14. BARTLETT, F. C. *Remembering.* Cambridge Univ., 1932.

15. BEGBIE, H. *Twice Born Men.* Revell, 1909.

16. BETTELHEIM, B. *The Informed Heart.* Free Press, 1960.

16a. BOSSOM, J., and Maslow, A. H. Security of judges as a factor in impressions of warmth in others, *J. Abn. Soc. Psychol.*, 1957, 55, 147-148.

17. BOWLBY, J. *Maternal Care and Mental Health.* Geneva:World Health Organization, 1952.

18. BRONOWSKI, J. The values of science *in* Maslow, A. H. (ed.). *New Knowledge in Human Values.* Harper, 1959.

19. BROWN, N. *Life Against Death.* Random House, 1959.

20. BUBER, M. *I and Thou.* Edinburgh: T. and T. Clark, 1937.

21. BUCKE, R. *Cosmic Consciousness.* Dutton, 1923.

22. BUHLET, C. Maturation and motivation, *Dialectica,* 1951, 5, 312-361.

23. . _____.The reality principle, *Amer.]. Psychother.,* 1954, 8, 626-647.

24. BUHLER, K. *Die geistige Entwickling des Kindes,* 4th ed., Jena: Fischer, 1924.

25. BURTT, E. A. (ed.). *The Teachings of the Compassionate Buddha.* Mentor Books, 1955.

26. BYRD, B. Cognitive needs and human motivation. Unpublished.

27. CANNON, W. B. *Wisdom of the Body.* Norton, 1932.

28. CANTRIL, H. *The "Why" of Man's Experience.* Macmillan, 1950.

29. CANTRIL, H., and Bumstead, C. *Reflections on the Human Venture.* N. Y. Univ., 1960.

30. CLUTTON-BROCK, A. *The Ultimate Belief.* Dutton, 1916.

31. COHEN, S. A growth theory of neurotic resistance to psychotherapy, *J. of Humanistic Psychol.,* 1961, 1, 48-63.

32._____. Neurotic ambiguity and neurotic hiatus between knowledge and action, *J.. Existential Psychiatry,* in press.

33. COLEMAN, J. *Personality Dynamics and Effective Behavior.* Scott, Foresman, 1960.

34. COMBS, A., and SnyGG, D. *Individual Behavior.* Harper, 1959.

35. COMBS, A. (ed.). *Perceiving, Behaving, Becoming: A NewFocus for Education.* Association for Supervision and Curriculum Development, Washington D.C., 1962.

36. D'ARCY, M. C. *The Mind and Heart of Love.* Holt, 1947.

37. _____. *The Meeting of Love and Knowledge.* Harper, 1957.

38. DEUTSCH, F., and Murphy, W. *The Clinical Interview* (2 vols.). Int.

Univs. Press, 1955.

38a. DEWEY, J. *Theory of Valuation.* Vol. II, No. 4 of *International Encyclopedia of Unified Science*, Univ. of Chicago (undated).

38b. DOVE, W. F. A study of individuality in the nutritive instincts, *Amer. Naturalist*, 1935, 69, 469-544.

39. EHRENZWEIG, A. *The Psychoanalysis of Artistic Vision and Hearing.* Routledge, 1953.

40. ERIKSON, E. H. *Childhood and Society.* Norton, 1950.

41. ERISKON, H. Identity and The Life Cycle. (Selected papers.) *Psychol. Issues*, 1, Monograph 1, 1959. Int. Univs. Press.

42. FESTINGER, L. A. *Theory of Cognitive Dissonance.* Peterson, 1957.

43. FEUER, L. *Psychoanalysis and Ethics.* Thomas, 1955. Field, J. (pseudonym), *see* Milner, M.

44. FRANKL, V. E. *The Doctor and the Soul.* Knopf, 1955.

45. _____. From *Death-Camp to Existentialism. Beacon*, 1959.

46. FREUD, S. *Beyond the Pleasure Principle.* Int. Psychoan. Press, 1922.

47. _____. *The Interpretation of Dreams*, in *The Basic Writings of Freud.* Modern Lib., 1938.

48. _____. *Collected Papers*, London, Hogarth, 1956. Vol. III, Vol. IV.

49. _____. An *Outline of Psychoanalysis.* Norton, 1949.

50. FROMM, E. *Man For Himself.* Rinehart, 1947.

51. _____. *Psychoanalysis and Religion.* Yale Univ., 1950.

52. _____. *The Forgotten Language.* Rinehart, 1951.

53. _____. *The Sane Society.* Rinehart, 1955.

54. _____. Suzuki, D. T., and De Martino, R. Zen *Buddhism and Psychoanalysis.* Harper, 1960.

54a. GHISELIN, B. *The Creative Process*, Univ. of Calif., 1952.

55. GOLDSTEIN, K. *The Organism.* Am. Bk. Co., 1939.

56. _____. *Human Nature from the Point of View of Psychopathology.* Harvard Univ., 1940.

57. _____. Health as value, *in* A. H. Maslow (ed.). *New Knowledge in Human Values.* Harper, 1959, pp. 178-188.

58. HALMOS, P. *Towards A Measure of Man.* London: Kegan Paul, 1957.

59. HARTMAN, R. The science of value, *in* Maslow, A. H. (ed.). *New Knowledge in Human Values.* Harper, 1959.

60. HARTMANN, H. Ego *Psychology and the Problem of Adaptation.* Int. Univs. Press, 1958.

61. _____. *Psychoanalysis and Moral Values.* Int. Univs. Press, 1960.

62. HAYAKAWA, S. I. *Language in Action.* Harcourt, 1942.

63. _____. The fully functioning personality, ETC. 1956, 13, 164-181.

64. HEBB, D. O., & THOMPSON, W. R. The social significance of animal studies, *in* G. Lindzey (ed.). *Handbook of Social Psychology, Vol. 1.* Addison-Wesley, 1954, 532-561.

65. HILL, W. E. Activity as an autonomous drive, *J. Comp.& Physiological Psychol.*, 1956, 49,15-19.

66. HORA, T. Existential group psychotherapy, *Amer. J. of Psychotherapy,* 1959, 13, 83-92.

67. HORNEY, K. *Neurosis and Human Growth.* Norton, 1950.

68. HUIZINCA, J. *Homo Ludens.* Beacon, 1950.

68a. HUXLEY, A. *The Perennial Philosophy.* Harper, 1944.

69. _____. *Heaven & Hell.* Harper, 1955.

70. JAHODA, M. *Current Conceptions of Positive Mental Health.* Basic Books, 1958.

70a. JAMES, W. *The Varieties of Religious Experience.* Modern Lib., 1942.

71. JESSNER, L., and Kaplan, S. "Discipline"as a problem in psychotherapy

with children, *The Nervous Child*, 1951, 9, 147-155.

72. JOURARD, S. M. *Personal Adjustment*. Macmillan, 1958.

73. JUNG, C. G. *Modern Man in Search of a Soul*. Harcourt, 1933.

74. _____. *Psychological Reflections* (Jacobi, J., ed.). Pantheon Books, 1953.

75. _____. *The Undiscovered Self*. London: Kegan Paul, London, 1958.

76. KARPF, F. B. *The Psychology & Psychotherapy of Otto Rank*. Philosophical Library, 1953.

77. KAUFMAN, W. *Existentialism from Dostoevsky to Sartre*. Meridian, 1956.

78. _____. *Nietzsche*. Meridian, 1956.

79. KEPES, G. *The New Landscape in Art and Science*. Theobald, 1957.

80. The *Journals of Kierkegaard*, 1834-1854. Dru, Alexander, (ed. and translator). Fontana Books, 1958.

81. KLEE, J. B. *The Absolute and the Relative*. Unpublished.

82. KLUCKHOHN, C. *Mirror for Man*. McGraw-Hill, 1949.

83. KORZYBSKI, A. *Science and Sanity: An Introduction to Non-Aristotelian Systems and General Semantics* (1933). Lakeville, Conn.: International Non-Aristotelian Lib. Pub. Co., 3rd ed., 1948.

84. KRIS, E. Psychoanalytic *Explorations in Art,* Int. Univs. Press, 1952.

85. KRISHNAMURTI, J. *The First and Last Freedom*. Harper, 1954.

86. KUBIE, L, S. *Neurotic Distortion of the Creative Process*. Univ. of Kans., 1958.

87. KUENZLI, A. E. (ed.). *The Phenomenological Problem*. Harper, 1959.

88. LEE, D. *Freedom & Culture*. A Spectrum Book, Prentice-Hall, 1959.

89. _____. Autonomous motivation, *J. Humanistic Psychol.,* in press.

90. LEVY D. M. Personal communication.

91. _____. *Maternal Overprotection.* Columbia Univ., 1943.

91a. LEWIS, C. S. *Surprised by Joy.* Harcourt, 1956.

92. LYND, H. M. On *Shame and the Search for Identity.* Harcourt, 1958.

93. MARCUSE, H. Eros *and Civilization.* Beacon, 1955.

94. MASLOW, A. H., and Mittelmann, B. *Principles of Abnormal Psychology.* Harper, 1941.

95. MASLOW, A. H. Experimentalizing the clinical method, *J. of Clinical Psychol,* 1945, 1, 241-243.

96. _____. Resistance to acculturation, *J. Soc. Issues,* 1951, 7, 26-29.

96a. _____. Comments on Dr. Old's paper, *in* M. R. Jones (ed.). *Nebraska Symposium on Motivation,* 1955, Univ. of Neb., 1955.

97. _____. Motivation and *Personality.* Harper, 1954.

98. _____. A philosophy of psychology, *in* Fairchild, J. (ed.). *Personal Problems and Psychological Frontiers.* Sheridan, 1957.

99. _____. Power relationships and patterns of personal development, *in* Kornhauser, A. (ed.). *Problems of* Power *in American Democracy.* Wayne Univ., 1957.

100. _____. Two kinds of cognition, *General Semantics Bulletin,* 1957, Nos. 20 and 21, 17-22.

101. _____. Emotional blocks to creativity, *J. Individ. Psychol,* 1958, 14, 51-56.

102. _____ (ed.). New Knowledge *in Human Values.* Harper, 1959.

103. _____. Rand, H., and Newman, S. Some parallels between the dominance and sexual behavior of monkeys and the fantasies of psychoanalytic patients, *J. of Nervous and Mental Disease,* 1960, 131, 202-212.

104. _____. Lessons from the peak-experiences, *J. Humanistic Psychol.,* in press.

105. _____. and DIAZ-GUERRERO, R. Juvenile delinquency as a value disturbance, in Peatman, J., and Hartley, E. (eds.). *Festschrift for Gardner Murphy.* Harper, 1960.

106. _____. Peak-experiences as completions. (To be published.)

107. _____. Eupsychia, *J. Humanistic Psychol.* (To be published.)

108._____. and Mintz, N. L. Effects of esthetic surroundings: I. Initial shortterm effects of three esthetic conditions upon perceiving "energy"and "well-being"in faces, *J. Psychol.*, 1956, 41, 247-254.

109. MASSERMAN, J. (ed.). *Psychoanalysis and Human Values.* Grune and Stratton, 1960.

110. MAY, R., et al (eds.). *Existence.* Basic Books, 1958.

111. _____. (ed.). *Existential Psychology.* Random House, 1961.

112. MILNER, M. (Joanna Field, pseudonym). A *Life of One's Own.* Pelican Books, 1952.

113. MILNER, M. *On Not Being Able to Paint.* Int. Univs. Press, 1957.

114. MINTZ, N. L. Effects of esthetic surroundings: II. Prolonged and repeated experiences in a "beautiful"and an "ugly"room. *J. Psychol,* 1956, 41, 459-466.

115. MONTAGU, Ashley, M. F. *The Direction of Human Development.* Harper, 1955.

115a. MORENO, J. (ed.). *Sociometry Reader.* Free Press, 1960.

116. MORRIS, C. *Varieties of Human Value.* Univ. of Chicago, 1956.

117. MOUSTAKAS, C. *The Teacher and the Child.* McGraw-Hill, 1956.

118._____. (ed.). *The Self.* Harper, 1956.

119. MOWRER, O. H. *The Crisis in Psychiatry and Religion.* Van Nostrand, 1961.

120. MUMFORD, L. *The Transformations of Man.* Harper, 1956.

121. MUNROE, R. L. *Schools of Psychoanalytic Thought.* Dryden, 1955.

122. MURPHY, G. *Personality.* Harper, 1947.

123. MURPHY, G., and Hochberg, J. Perceptual development: some tentative hypotheses, *Psychol. Rev.*, 1951, 58, 332-349.

124. MURPHY, G. *Human Potentialities.* Basic Books, 1958.

125. MURRAY, H. A. Vicissitudes of Creativity, *in* H. H. Anderson (ed.). *Creativity and Its Cultivation.* Harper, 1959.

126. NAMECHE, G. Two pictures of man, *J. Humanistic Psychol.,* 1961, 1, 70-88.

127. NIEBUHR, R. *The Nature and Destiny of Man.* Scribner's, 1947.

127a. NORTHROP, F. C. S. *The Meeting of East and West.* Macmillan, 1946.

128. NUTTIN, J. *Psychoanalysis and Personality.* Sheed and Ward, 1953.

129. O'CONNELL, V. On brain washing by psychotherapists: The effect of cognition in the relationship in psychotherapy. Mimeographed, 1960.

129a. OLDS, J. Physiological mechanisms of reward, *in* Jones, M. R. (ed.). *Nebraska Symposium on Motivation,* 1955. Univ. of Nebr., 1955.

130. OPPENHEIMER, O. Toward a new instinct theory, *J. Social Psychol,* 1958, 47, 21-31.

131. OVERSTREET, H. A. *The Mature Mind.* Norton, 1949.

132. OWENS, C. M. *Awakening to the Good.* Christopher, 1958.

133. PERLS, F., HEFFERLINE, R., and Goodman, P. *Gestalt Therapy.* Julian, 1951.

134. PETERS, R. S. "Mental health"as an educational aim. Paper read before Philosophy of Education Society, Harvard University, March, 1961.

135. PROGOFF, I. *Jung's Psychology and Its Social Meaning.* Grove, 1953.

136. PROGOFF, I. *Depth Psychology and Modern Man.* Julian, 1959.

137. RAPAPORT, D. *Organization and Pathology of Thought.* Columbia Univ., 1951.

138. REICH, W. *Character Analysis.* Orgone Inst., 1949.

139. REIK, T. *Of Love and Lust.* Farrar, Straus, 1957.

140. RIESMAN, D. *The Lonely Crowd.* Yale Univ., 1950.

141. RITCHIE, B. F. Comments on Professor Farber's paper, *in* Marshall R.

Jones (ed.). *Nebraska Symposium on Motivation.* Univ. of Nebr., 1954, pp. 46-50.

142. ROGERS, C. *Psychotherapy and Personality Change.* Univ. of Chicago, 1954.

143. ROGERS, C. R. A theory of therapy, personality and interpersonal relationships as developed in the client-centered framework, in Koch, S. (ed.). *Psychology: A Study of a Science, Vol. III.* McGraw-Hill, 1959.

144. ROGERS, C. A *Therapist's View of Personal Goals.* Pendle Hill, 1960.

145. _____. *On Becoming a Person.* Houghton Mifflin, 1961.

146. ROKEACH, M. *The Open and Closed Mind.* Basic Books, 1960.

147. SCHACHTEL, E. *Metamorphosis.* Basic Books, 1959.

148. SCHILDEK, P. *Goals and Desires of Man.* Columbia Univ., 1942.

149. _____. *Mind: Perception and Thought in Their Constructive Aspects.* Columbia Univ., 1942.

150. SCHEINFELD, A. *The New You and Heredity.* Lippincott, 1950.

151. SCHWARZ, O. *The Psychology of Sex.* Pelican Books, 1951.

152. SHAW, F. J. The problem of acting and the problem of becoming, *J. Humanistic Psychol.,* 1961, 1, 64-69.

153. SHELDON, W. H. *The Varieties of Temperament.* Harper, 1942.

154. SHLIEN, J. M. *Creativity and Psychological Health.* Counseling Center Discussion Paper, 1956, 11, 1-6.

155. SHLIEN, J. M. A criterion of psychological health, *Group Psychotherapy,* 1956, 9, 1-18.

156. SINNOTT, E. W. *Matter, Mind and Man.* Harper, 1957.

157. SMILIEe, D. Truth and reality from two points of view, in Moustakas, C, (ed.). *The Self.* Harper, 1956.

157a. SMITH, M. B. "Mental health"reconsidered: A special case of the problem of values in psychology, *Amer. Psychol.,* 1961, 16, 299-306.

158. SOROKIN, P. A. (ed.). *Explorations in Altruistic Love and Behavior.*

Beacon, 1950.

159. S[ITZ, R. Anaclitic depression, *Psychoanal. Study of the Child*, 1946, 2, 313-342.

160. SUTTIE, I. *Origins of Love and Hate.* London: Kegan Paul, 1935.

160a. SZASZ, T. S. The myth of mental illness, *Amer. Psychol.,* 1960, 15, 113-118.

161. TAYLOR, C. (ed.). *Research Conference on the Identification of Creative Scientific Talent.* Univ. of Utah, 1956.

162. TEAD, O. Toward the knowledge of man, *Main Currents in Modern Thought,* Nov. 1955.

163. TILLICH, P. *The Courage To Be.* Yale Univ., 1952.

164. THOMPSON, C. *Psychoanalysis: Evolution & Development.* Grove, 1957.

165. VAN KAAM, A. L. *The Third Force in European Psychology—Its Expression in a Theory of Psychotherapy.* Psychosynthesis Research Foundation, 1960.

166. _____. Phenomenal analysis: Exemplified by a study of

the experience of "really feeling understood,"*J. of Indiv. Psychol,* 1959, 15, 66-72.

167. _____. Humanistic psychology and culture, J. *Humanistic Psychol,* 1961, 1, 94-100.

168. WATTS, A. W. *Nature, Man and Woman.* Pantheon, 1958.

169._____. This *is* IT. Pantheon, 1960.

170. WEISSKOPF, W. Existence and values, *in* Maslow, A. H. (ed.). New *Knowledge of Human Values.* Harper, 1958.

171. WERNER, H. *Comparative Psychology of Mental Development.* Harper, 1940.

172. WERTHEIMER, M. Unpublished lectures at the New School for Social Research, 1935-6.

173. _____. *Productive Thinking.* Harper, 1959.

174. WHEELIS, A. *The Quest for Identity.* Norton, 1958.

175. _____. *The Seeker.* Random, 1960.

176. WHITE, M. (ed.). *The Age of Analysis.* Mentor Books, 1957.

177. WHITE, R. Motivation reconsidered: the concept of competence, *Psychol. Rev.*, 1959, 66, 297-333.

178. WILSON, C. *The Stature of Man.* Houghton, 1959.

179. WILSON, F. Human nature and esthetic growth, *in* Moustakas, C. (ed.). *The Self.* Harper, 1956.

180. _____. Unpublished manuscripts on Art Education.

181. WINTHROP, H. Some neglected considerations concerning the problems of value in psychology, *J. of General Psychol.*, 1961, 64, 37-59.

182. _____. Some aspects of value in psychology and psychiatry, *Psychological Record*, 1961, 11, 119-132.

183. WOODGER, J. *Biological Principles.* Harcourt, 1929.

184. WOODWORTH, R. *Dynamics of Behavior.* Holt, 1958.

185. YOUNG, P. T. *Motivation and Emotion.* Wiley, 1961.

186. ZUGER, B. Growth of the individuals concept of self. A.M.A. Amer. *J. Diseased Children*, 1952, 83, 719.

187. _____. The states of being and awareness in neurosis and their redirection in therapy, *J. of Nervous and Mental Disease*, 1955, 121, 573.